JN203340

静岡の植物図鑑

静岡県の普通植物 上 木本・シダ編

著者 杉野 孝雄

植物図鑑目次

はじめに

静岡県は海岸から3,000m級の高山の連なる南アルプス、日本最高峰の富士山まで標高差があります。そこには多様な環境があり、シダ植物と種子植物を合わせると4,000種類以上が分布しています。その数は、全国の都道府県の中では最も多いとされています。

この植物図鑑は、平成2年に出版した『静岡県の植物図鑑上・下』を改訂し、掲載植物を増やしたものです。県内に分布する植物に限定し、類似植物との違いが分かるような解説も加え、多くの植物が同定できるようにしました。

近年、生物の分類でDNA解析を基本にする系統学が進歩し、平成10年には、APG分類体系が公表され、従来の形態中心の分類が大きく変革する時代になってきています。しかし、この分類体系はまだ一般的ではなく、これを使用すると、多くの読者に違和感を生じることにもなりかねません。

そこで、この植物図鑑では、科の配列などは旧版『日本の野生植物』(平凡社)の分類体系を基本にし、『新牧野日本植物図鑑』(北隆館)、『日本維管束植物目録』(北隆館)、『BG Plants 和名−学名インデックス』(YList)、などを参考にしました。また、新分類体系の科名を(　)内に入れ、今後の分類体系の変化に対応できるようにしています。

この植物図鑑を執筆することができたのは、植物分類の基本をご教授いただいた杉本順一、志村義雄の両先生のご指導があってのことです。また、作成に当たり、校正などにご協力いただいた関川文俊、清水通明氏に感謝申し上げます。

平成28年12月

著者 杉野 孝雄

この本の見方

身近で見掛けた植物の名前(和名)を知りたいと思ったことはありませんか。それに答えるのがこの本です。植物を調べる入門書として、静岡県の平地から山地で普通に見られる、木本とシダ植物600種類を取り上げています。栽培植物は除いてありますが、逸出している種類は入れてあります。

この本の特徴

1. 静岡県に分布する植物に限定しているので、県外の類似種と迷うことはない。
2. 専門用語はできるだけ使わず、解説は要点のみなので分かりやすい。
3. 植物写真で目安をつけ、解説文で確認して植物名(和名)が調べられる。
4. 類似種の解説があり、分類の違いが比較できる。
5. 和名の起りは定着しているのは解説してある。
6. 静岡県内の分布、日本の分布がわかる。
7. 植物用語はまとめて図で別に解説してある。
8. APG分類体系の科がわかるようにしてある。

木本は400種類を取り上げています。木本類は葉である程度分類できますが、花または実のある写真を出来るだけ使用して解説しました。木本か草本か区別が微妙な種類もありますが、高木、低木、つる植物でつるが木化する種類やタケ・ササ類はこの本で取り上げました。

シダ植物は200種類を取り上げています。シダ植物の分類には、葉の形態と共に、地下茎の状態、胞子嚢群(ソーラス)のつき方、鱗片の形態などが分類には必要です。解説文では分類の基本になる葉の形、胞子嚢群(ソーラス)のつき方、地下茎の状態などを重点的に解説しました。

ウオーキングや山歩きの友として活用いただければと思います。

葉のつき方

互生
ごせい

対生
たいせい

輪生
りんせい

葉の先端の形

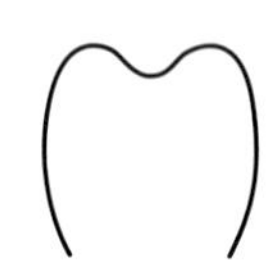
凹頭
おうとう

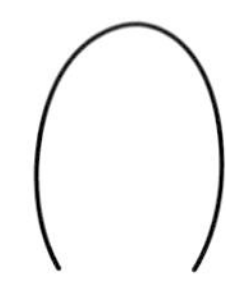
円頭
えんとう

鋭頭
えいとう

鈍頭
どんとう

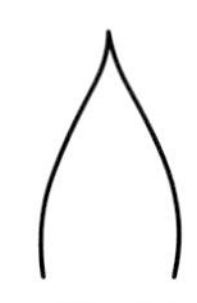
鋭尖頭
えいせんとう

芒状
ぼうじょう

葉の形

卵形
らんけい

楕円形
だえんけい

披針形
ひしんけい

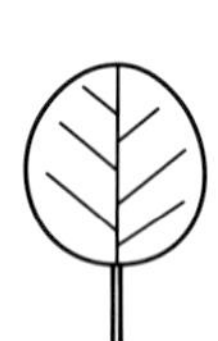
円形
えんけい

菱形
ひしがた

掌形
しょうけい

線形
せんけい

葉の縁の形

全縁
ぜんえん

鋸歯縁
きょしえん

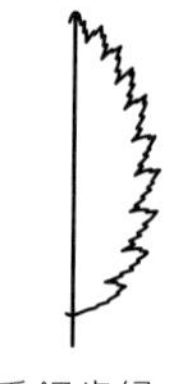
重鋸歯縁
じゅうきょしえん

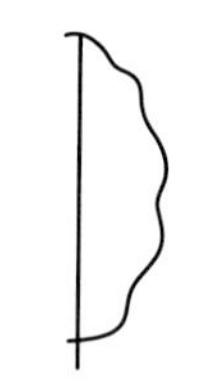
波状縁
はじょうえん

葉の基部の形

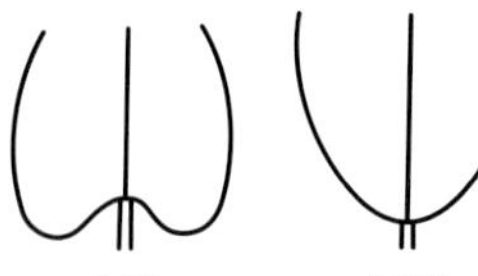
心形
しんけい

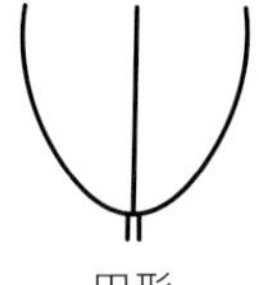
円形
えんけい

くさび形

やじり形

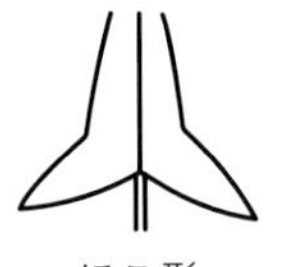
ほこ形

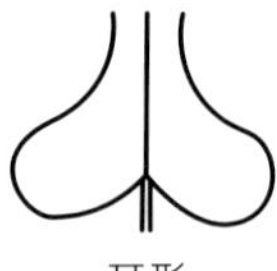
耳形
みみがた

複葉の形

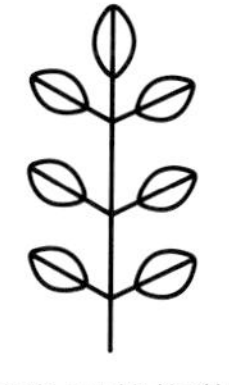
奇数羽状複葉（きすううじょうふくよう）

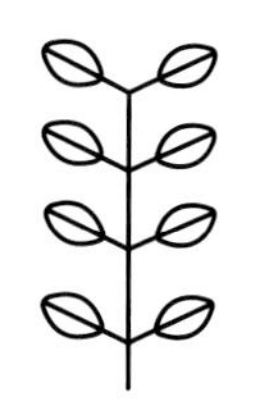
偶数羽状複葉（ぐうすううじょうふくよう）

掌状複葉（しょうじょうふくよう）

3出複葉（さんしゅつふくよう）

花のつき方

穂状（ほじょう）

散形（さんけい）

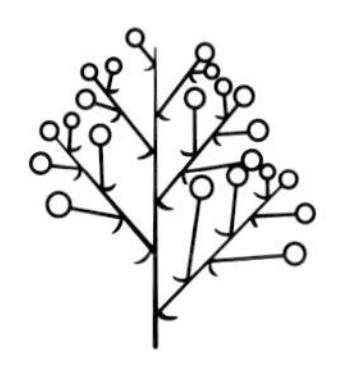
円錐形（えんすいけい）

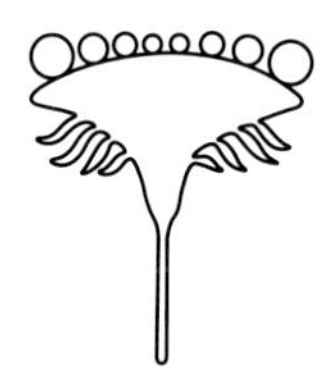
頭花（とうか）

葉のさけ方

浅裂（せんれつ）

中裂（ちゅうれつ）

深裂（しんれつ）

全裂（ぜんれつ）

花の形

鐘形（つりがねがた）

筒形（つつがた）

舌形（したがた）

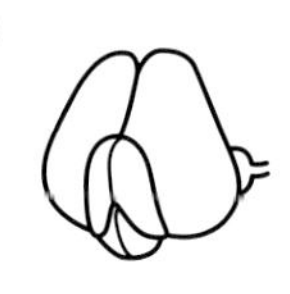
ちょう形

かぶと形

つぼ形（がた）

唇形（くちびるがた）

ろう斗形（とがた）

距（きょ）のあるもの

木本

裸子植物

イチイ

イチイ科

山地に生える、常緑高木。雌雄異株。樹高は20mに達する。樹皮は赤褐色で、浅く縦に裂ける。葉は線形で左右に並んで多数つき、長さ1～2cm、先端は鋭く尖る。花は3～4月、雄花は球形、雌花の仮種皮は秋季に赤色になり、甘くて食べられる。材は彫刻、器具などに用いる。和名は位階の一位のことで、材から参内するときの笏を作ったことに由来する。

• 県内・伊豆を除く、各地の山地に分布する。 • 全国・北海道、本州、四国、九州 • 写真・静岡市井川

カヤ

イチイ科

山地に生える、常緑高木。雌雄異株。樹高は20m以上になる。樹皮は青灰色で、浅く縦にはがれる。葉は線形で左右に並んで多数つき、長さ2～3cm、先端は鋭く尖る。花は4～5月、雌花は円形、枝の下面に並ぶ、雌花は枝先に数個つく。種子は楕円形、外種皮は緑色のちに淡褐色、長さ2～3cm。材は造船、彫刻などに用いる。碁盤、将棋盤として珍重される。種子の油は食用、頭髪用にする。庭園樹に植栽される。

• 県内・各地の山地に分布する。 • 全国・本州、四国、九州 • 写真・浜松市渋川

イヌマキ

イヌマキ科

沿海地から低地に生える、常緑高木、雌雄異株。樹高は20～25m。樹皮は灰白褐色で、浅く縦に裂ける。葉は広線形で多数つき、鈍頭。長さ10～15cm。花は5～6月、葉腋に雄花は円柱形に、雌花は1個つく。種子は球形、長さ約1cm。花托は卵形で暗赤色になり、食べられる。材は耐水性があるので、屋根板、桶などに用いる。生垣やミカン畑の囲いにする。葉が少し小さく密生するラカンマキは生垣に広く利用される。和名はコウヤマキ（ホンマキ）に対して名付けられた。

- 県内・各地の沿海地から低地に分布する。 • 全国・本州、四国、九州、琉球 • 写真・浜松市宮口

イヌガヤ

イヌガヤ科

山地に生える、常緑小高木。雌雄異株。樹高は5～10m。樹皮は灰褐色で、浅く縦に裂ける。葉は線形で左右に並んでつき、長さ2～5cm。先端は尖るが、触っても痛くない。花は3～4月、雄花は球形、雌花は卵形。種子は楕円形で、長さ2～2.5cm。緑色で、熟すと紅紫色で肉質の外種皮に包まれる。種子から油をしぼり、灯油、頭髪用に用いる。和名はカヤに似て、苦くて食用にならないことに由来する。別名ヘボガヤ。

- 県内・各地の山地に分布する。 • 全国・本州、四国、九州 • 写真・愛鷹山

トウヒ

マツ科

山地に生える、常緑高木。樹高は20～25m。樹皮は暗赤褐色で、鱗片状。葉は線形で長さ1～2cm、先端は鋭く尖り、裏面は灰白色。花は5～6月、雄花は円柱形、雌花は赤紫色で円筒形。球果は黄褐色、長楕円形で下垂する。長さ4～6cm。種子は倒卵形で翼がある。材は建築、器具に用いる。

• 県内･伊豆を除く、各地の山地に分布する。 • 全国･本州（中部、紀伊） • 写真･富士山富士宮口

ハリモミ

マツ科

山地に生える、常緑高木。樹高は30m以上になる。樹皮は灰褐色で、鱗片状。葉は線形で長さ1.5～3cm。先端はするどく尖り、断面は四角形、触ると痛い。花は5～6月、雄花は楕円形、雌花は円筒形。球果は緑褐色、卵状楕円形で下垂し、長さ8～10cm。種子は三角状卵形で翼がある。材は建築、器具に用いる。和名は葉がするどく尖ることに由来する。別名バラモミ。

• 県内･伊豆を除く、各地の山地に分布する。 • 全国･本州、四国、九州 • 写真･浜松市門桁山

ツガ

マツ科

山地に生える、常緑高木。樹高は20〜30m。樹皮は灰赤褐色で、不規則に深く裂ける。葉は線形で長さ1〜2cm、先端は円形でわずかに凹む。花は4〜5月、雄花は球形、雌花は褐紫色で球形。球果は褐色、広卵形で、長さ約2.5cmで下垂する。種子は倒卵形で翼がある。材は土木、建築、器具に用いる。コメツガは、高地にあり、若枝に短毛がある。別名トガ。

• 県内・各地の山地に分布する。 • 全国・本州、四国、九州 • 写真・浜松市岩岳山

モミ

マツ科

山地に生える、常緑高木。樹高は30m以上になる。樹皮は暗灰褐色で、鱗片状にはがれる。若枝に黒褐色の短毛がある。葉は線形で長さ2〜3cm、若木の先端は鋭頭で2裂、成木では少し凹む。花は5月、葉腋につき、雄花は円柱形、雌花は卵状楕円形。球果は円筒形で直立し、灰褐緑色、長さ10〜15cm。種子は倒卵形で翼がある。ウラジロモミは高地にあり、枝に毛がないので区別できる。

• 県内・各地の山地に分布する。 • 全国・本州、四国、九州 • 写真・御前崎市浜岡

ウラジロモミ

マツ科

山地に生える、常緑高木。樹高は30m以上になる。樹皮は暗灰褐色で、鱗片状にはがれる。若枝は毛がない。葉は線形で長さ1.5〜2.5cm、葉裏は白色、先端は鈍形から凹形。花は5〜6月、葉腋につき、雄花は長楕円形、雌花は卵形で赤紫色。球果は円筒形で直立し、紫色を帯び、長さ約10cm。種子は倒卵状くさび形で翼がある。材は建築、パルプに用い、植林もされる。モミは山地あり、若枝に短毛があるので区別できる。

• 県内·伊豆を除く、各地の山地に分布する。 • 全国·本州、四国 • 写真·静岡市転付峠

テーダマツ

マツ科

低地に生える、常緑高木。樹高は30m以上になる。樹皮は灰褐色で、鱗片状に裂ける。葉は線形で、3本が束生、長さ12〜20cm。花は2〜4月、雄花は若枝の下に多数つく。雌花は若枝の先につく。球果は円錐状卵形、長さ7〜13cm、熟すと黄褐色になる。クロマツに比べると、三針葉マツで、球果は大きく鱗片に鋭い刺がある。北米原産、県内の分布は逸出である。パルプ材や木材の利用に栽培される。

• 県内·各地の低地に逸出する。 • 全国·日本各地に逸出する。 • 写真·袋井市小笠山

カラマツ

マツ科

山地から高地に生える、落葉高木、樹高は30mに達する。高山では低木状。樹皮は灰褐色で、鱗片状にはがれる。葉は線形で、長さ2～3cm、短枝上に20～30本束生する。花は4～5月、雄花と雌花は短枝につき球形から卵形。球果は広卵形で、長さ2～3cm、直立する。種子は菱形で翼がある。材は土木、建築、パルプに用いる。樹脂からテレピン油を採る。

• 県内・伊豆を除く、山地から高地に分布する。 • 全国・本州（東北、北陸、中部） • 写真・富士山富士宮口

アカマツ

マツ科

低地から山地に生える、常緑高木。樹高は30m以上になる。樹皮は赤褐色で、亀甲状に裂ける。葉は針状で、2本が束生、長さ7～10cm、柔らかい。花は4月、雄花は若枝の下に多数つく。雌花は若枝の先に2～3個つき紫紅色。球果は円錐状卵形、長さ3～5cm。種子は倒卵形で、翼がある。材は土木、建築、船舶、器具などに広く用いる。庭園樹にも使われ、園芸品種も多い。別名メマツ。

• 県内・各地の低地から山地に分布する。 • 全国・北海道、本州、四国、九州 • 写真・浜松市浜北森林公園

クロマツ

マツ科

海岸から山地に生える、常緑高木。樹高は30m以上になる。樹皮は灰黒色で、亀甲状に裂ける。葉は針状で、2本が束生、長さ5～15cm、硬くて触れると痛い。花は4月、雄花は若枝の下部に多数つく。雌花は枝の先に2～4個つき紫紅色。球果は円錐状卵形、長さ4～6cm。種子は倒卵形で、翼がある。材は土木、建築などに広く用いる。庭園樹にも使われ、園芸品種も多い。別名オマツ。アカマツとの雑種アイグロマツが各地にある。両者の中間形をする。

• 県内･各地の海岸から山地に分布する。 • 全国･本州、四国、九州 • 写真･浜松市村櫛

コウヤマキ

コウヤマキ科

山地に生える、常緑高木、樹高は30m以上になる。樹皮は灰赤褐色で、縦に裂ける。葉は線状で2個が合着し、長さ6～12cm。花は4月、雄花は楕円形、雌花は円筒形。球果は褐色で、円筒状楕円形、長さ6～12cm。種子は楕円形で翼がある。材は耐水性があるので船舶、風呂桶などに用いる。庭園に観賞用に植栽される。和名は高野山に多いことに由来する。別名ホンマキ。静岡県は分布の東限。

• 県内･中部と西部の山地に分布するが少ない。 • 全国･本州、四国、九州 • 写真･浜松市山住

スギ

ヒノキ科

低地から山地に生える、常緑高木。樹高は30m以上になる。樹皮は赤褐色で縦に裂ける。葉は鎌状針形で、らせん状につく。花は3～4月、雄花は楕円形、雌花は球形で緑色。球果は球形で長さ2～3cm。種子は翼がある。日本の木材では最も用途が広く、各地に植林される。多くの園芸品種がある。和名はまっすぐに高く伸びるので、直ぐの木で、これが転化した。

• 県内・各地の低地から山地に分布するが、自生は少ない。 • 全国・本州、四国、九州 • 写真・牧之原市牧之原

ヒノキ

ヒノキ科

低地から山地に生える、常緑高木。樹高は30mに達する。樹皮は赤褐色で、縦に裂けてはがれる。葉は鱗片状で先端は鈍頭。花は4月、雄花は楕円形。雌花は球形。球果は赤褐色に熟し、径約1cm。種子は円形で翼がある。材は建築、船舶、器具など広く用いる。庭園などにも植栽され、園芸品種も多い。和名はこの木をすりあわせ、火を起こしたことに由来する。

• 県内・各地の低地から山地に分布するが、自生は少ない。 • 全国・本州、四国、九州 • 写真・裾野市東臼塚(自生)

サワラ

ヒノキ科

山地に生える、常緑高木。樹高は30mに達する。樹皮は赤褐色で、縦に裂けてはがれる。葉は鱗片状で先端は尖る。花は4月、雄花は楕円形。雌花は球形。球果は球形で黄褐色に熟し、径約6mm。種子は褐色で円形、翼がある。材は耐水性があるので、風呂桶などに用いる。園芸品種も多く、庭園などにも植栽される。ヒノキに葉形は似るが、先端が尖るので区別できる。

• 県内・各地の山地に分布する。 • 全国・本州、九州 • 写真・浜松市春野

ネズミサシ

ヒノキ科

山地に生える、常緑小高木。雌雄異株。樹高は8～10m。樹皮は灰褐色で、縦に裂けてはがれる。葉は針形で、3個が輪生する。長さ1～2.5cm。先端は尖り、触れると痛い。花は4月、雄花は楕円形、雌花は球形。球果は球形で、径約1cm。黒紫色で白粉を帯びる。材は堅く、装飾、彫刻に、種子からは油を採り、薬用、灯火に用いる。和名は葉が尖るので、ネズミの巣穴に入れて退治に使うことによる。別名ネズ。

• 県内・各地の山地に分布する。 • 全国・本州、四国、九州 • 写真・浜松市浜北森林公園

ハイネズ

ヒノキ科

低地に生える、常緑低木。雌雄異株。幹は地上をはい広がる。樹皮は淡褐色。葉は針形で、長さ1〜2cm。幹に密につき、3個が輪生する。葉の先端は尖り、触れると痛い。花は5月、雄花は楕円形、雌花は球形。球果は球形で径約1cm。紫黒色で白粉を帯びる。ネズミサシとは地上をはうことで区別できるが、幹が斜上する、紛らわしいのもあり、オキアガリネズの名もある。葉では区別できない。

• 県内・中部と西部各地の低地に分布する。 • 全国・北海道、本州、九州 • 写真・牧之原市相良

オオシマハイネズ

ヒノキ科

海岸の岩上や砂地に生える、常緑低木。雌雄異株。幹は伏して地上をはい広がり、群生する。葉は針形で、幹に密につき、長さ1cm前後、葉の先端は尖る。花は5月、雄花は楕円形、雌花は球形。球果は球形で径約1cm、紫黒色に熟す。ハイネズとは、海岸に生え、葉はやや太くて短く、触れてもあまり痛くないので区別できる。和名は伊豆大島で記録されたことに由来する。別名ハマハイネズ。

• 県内・伊豆各地と西部の海岸に分布する。 • 全国・本州、伊豆諸島 • 写真・下田市須崎

イブキ

ヒノキ科

海岸に生える。常緑高木。雌雄異株。樹高は10～20m。樹皮は赤褐色で、縦に裂けてはがれる。葉は二形あり、鱗片状と針形状の葉が出る。多くは鱗片葉で卵状菱形、枝上に密生する。針形葉は長針形で長さ5～10mm。花期は4月、雄花は楕円形、雌花は球形。球果は球形で径7～9mm、紫黒色で白粉を帯びる。伊豆に天然記念物の大木や群生地がある。和名は伊吹山に分布することに由来する。別名ビャクシン。

- 県内・伊豆海岸の各地に分布する。 ● 全国・本州、四国、九州 ● 写真・下田市須崎

被子植物
離弁花類

ヤマモモ

ヤマモモ科

海岸から山地に生える、常緑高木。雌雄異株。樹高は15〜20m。樹皮は灰白色。葉の跡がこぶ状に残る。葉は互生し、倒卵状楕円形で、長さ5〜10cm、全縁、若い葉は鋸歯が出る。鈍頭または鋭頭。花は4月、雄花穂は長さ2〜4cm。雌花穂は長さ1cm。果実は6月に熟し、球形で赤色、径1.5〜2cm。樹皮を草木染に用いる。果実は生食する。庭園樹や街路樹に用いる。

• 県内・各地の海岸から山地に分布する。 • 全国・本州、四国、九州、琉球 • 写真・御前崎市御前崎

サワグルミ

クルミ科

山地の川沿いに生える、落葉高木。樹高は10〜20m。樹皮は灰色で、やや深く裂ける。葉は奇数羽状複葉で長さ20〜30cm。小葉は5〜10対、長さ5〜12cm、卵形で鋸歯があり、鋭頭。花は5月、雄花穂は5〜10cmで下垂する。雌花穂は枝先から下垂し、長い果穂になる。果実はこま形で長さ約8mm、下垂し10〜30個つく。和名は沢（渓流）に広く見られることに由来する。

• 県内・各地の山地に分布する。 • 全国・北海道、本州、四国、九州 • 写真・浜松市水窪

オニグルミ

クルミ科

山地の川沿いに生える、落葉高木。樹高は10〜20m。樹皮は暗灰色で、縦に裂ける。葉柄、葉軸などに黄褐色の毛が密生する。葉は奇数羽状複葉で、長さ40〜60cm。小葉は5〜9対、長楕円形で、長さ10〜15cm、鋸歯があり、鋭頭。花は4〜5月、雄花穂は長さ10〜20cmで下垂する。雌花穂は枝先につき直立する。果実は卵円形で、表面にしわがあり、長さ約3cm。食用にする。和名は果実の表面の凹凸を鬼に見立てた。

• 県内・各地の山地に分布する。 • 全国・北海道、本州、四国、九州 • 写真・浜松市山住

アカメヤナギ

ヤナギ科

平地から低地の川沿いなど水湿地に生える、落葉高木。雌雄異株。樹高は10〜15m。葉は互生し、広楕円形で、長さ5〜15cm、鋸歯があり、鋭頭。両面無毛で、下面は白色を帯びる。半心形の鋸歯のある、大きな托葉がある。花は4月、花穂は狭円柱形、雄花穂は長さ約7cm雌花穂は長さ2〜4cm。和名は若葉が赤色を帯びることに由来する。別名マルバヤナギ。

• 県内・各地の平地から低地に分布する。 • 全国・本州、四国、九州 • 写真・牧之原市牧之原

カワヤナギ

ヤナギ科

平地の川沿いなどの湿潤地に生える、落葉小高木。雌雄異株。樹高は5〜6m。葉は互生し、若葉は白毛が密生し、後に無毛になる。葉は線状楕円形で、先は尖り、裏面は粉白色、乾くと黒色になる。花は3〜4月、花穂は円柱形で直立する、長さ3〜5cm、雄花穂は雌花穂よりやや太い。和名は河原に見られることに由来する。別名ナガバカワヤナギ。

• 県内・各地の平地に分布する。 • 全国・北海道、本州 • 写真・浜松市浜北

イヌコリヤナギ

ヤナギ科

平地の川沿いなど湿潤地に生える、落葉低木。雌雄異株。樹高は2〜3m。葉は対生またはやや互生する。無柄で狭楕円形、先端は鈍円形、基部は浅心形、長さ3〜5cm。両面無毛で、細かい鋸歯がある。花は3〜4月、花穂は円柱形、長さ2〜4cm。葉はほぼ対生で無柄、狭楕円形なので、他のヤナギ類とは区別できる。和名は柳行李の材料になるコリヤナギに似るが、役立たないのでイヌをつけた。

• 県内・各地の平地に分布する。 • 全国・北海道、本州、四国、九州 • 写真・牧之原市牧之原

コリヤナギ

ヤナギ科

平地の川沿いなど湿潤地に生える、落葉低木。雌雄異株。樹高2～3m。葉は対生または互生。線形で先端は鋭頭、基部は鈍形、長さ5～10cm。両面無毛で、上部に細鋸歯があるか全縁。花は2～3月、花穂は円柱形、長さ2～3cm。朝鮮原産、県内の分布は逸出である。和名は行李(コウリ)の材料にするヤナギなので名付けられた。枝の皮を除き、柳行李を編む。イヌコリヤナギとは葉は対生するが、葉身が狭楕円形なので区別できる。

• 県内・各地の平地に逸出する。 • 全国・日本各地に逸出する。 • 写真・森町一宮

ヤマネコヤナギ

ヤナギ科

山地に生える、落葉小高木。雌雄異株。樹高は5～10m。葉は互生し、広楕円形から楕円形。長さ5～15cm。低い鋸葉があり、先端は急に尖る。縁はやや波形で、表面は葉脈が凹み、しわが目立つ。葉裏に白色の綿毛が密生する。花は4月、雄花穂は楕円形で2～3cm。雌花穂は長楕円形、多少曲がり、2～4cm。和名は花穂をヤマネコの毛並に見立てた。別名バッコヤナギ。

• 県内・各地の山地に分布する。 • 全国・北海道、本州、四国 • 写真・愛鷹山

コゴメヤナギ

ヤナギ科

平地から山地の川沿いに生える、落葉高木。雌雄異株。樹高は15〜20m。樹皮は灰黒褐色で縦に裂ける。若葉は灰色の毛が密生する。葉は互生し、披針形で、長さ4〜7cm、鋸歯があり、先端は次第に細くなり、鋭頭。表面は光沢があり、裏面は白色を帯びる。花は3〜4月、花穂は円柱形で、長さ1〜2cm。和名は葉が小さいことを小米(小さく砕けた米)に例えた。

• 県内·各地の平地から山地に分布する。 • 全国·本州(関東、中部、近畿) • 写真·藤枝市瀬戸川河原

シバヤナギ

ヤナギ科

低地に生える、落葉低木。雌雄異株。樹高は1〜2m。葉は互生し、卵状披針形、長さ4〜10cm、鋸歯があり、先端は次第に細くなり、鋭頭。両面無毛で、裏面は白色を帯びる。花は3〜4月、花穂は狭円柱形で、雄花穂は長さ3〜9cm、雌花穂は約4cm。和名は柴柳で柴は山野の雑木のことで、小枝が多数出るので柴のようなヤナギとした。

• 県内·各地の低地に分布する。 • 全国·本州(関東、中部) • 写真·掛川市小笠山

イヌシデ

カバノキ科

山地に生える、落葉高木。樹高は10〜15m。樹皮は平滑で暗灰白色。葉は互生し、葉身は狭卵形、表裏に軟毛があり、長さ5〜10cm、鋸歯があり、鋭尖頭。側脈は12〜15対。花は4〜5月、雄花穂は下垂する。雌花穂は枝の先につく。果穂は長さ4〜12cm。果苞は鎌形で、片側のふちに鋸歯がある。果実は広卵形で、長さ約5mm。材は家具、器具などに用いる。和名の四手は神前に供える垂れもので、果穂をこれに見立てた。

• 県内·各地の山地に分布する。 • 全国·本州、四国、九州 • 写真·浜松市春野

アカシデ

カバノキ科

山地に生える、落葉高木。樹高は10〜15m。樹皮は平滑で暗灰白色。葉は互生し、葉身は卵状楕円形で無毛、長さ4〜10cm、鋸歯があり、鋭頭。側脈は7〜15対。花は4〜5月、雄花穂は下垂する。雌花穂は新枝の先につく。果穂は長さ4〜10cm。果苞は長卵状三角形で基部で3裂し、片側のふちにに2〜3個の鋸歯がある。果実は広卵形で鋭頭、長さ約3mm。材は家具、器具、薪炭などに用いる。和名は新芽が赤色、秋には紅葉することに由来する。

• 県内·各地の山地に分布する。 • 全国·北海道、本州、四国、九州 • 写真·浜松市春野

クマシデ

カバノキ科

山地に生える、落葉高木。樹高は10〜15m。樹皮は黒褐色で平滑。葉は互生し、葉身は長楕円形、長さ6〜10cm、重鋸歯があり鋭頭。側脈は15〜24対。花は4〜5月、雄花穂は下垂する。雌花穂は枝に頂生する。果穂は長楕円形で、長さ5〜10cm。果苞は瓦重状につき、卵形で鋸歯がある。果実は長楕円形で、長さ約4mm。材は家具、器具、薪炭などに用いる。

- 県内・各地の山地に分布する。 • 全国・本州、四国、九州 • 写真・浜松市春野

サワシバ

カバノキ科

山地に生える、落葉高木。樹高は10〜15m。樹皮は淡緑灰褐色で、裂け目がある。葉は互生し、葉身は卵状楕円形、長さ7〜14cm、重鋸歯があり、鋭尖頭。側脈は15〜20対。花は4〜5月、雄花穂は下垂し、雌花穂は枝に頂生する。果穂は長楕円形で長さは5〜15mm。果苞は瓦重状につき、卵形で鋸歯がある。果実は卵状楕円形で、長さ5mm。材は家具、器具、薪炭などに用いる。

- 県内・各地の山地に分布する。 • 全国・北海道、本州、四国、九州 • 写真・浜松市春野

ハシバミ

カバノキ科

山地に生える、落葉低木。樹高は4〜5m。葉は互生し、葉身は広倒卵形、長さ5〜12cm、鋸歯があり、急鋭尖頭。側脈は15〜20対。花は3月、葉が出る前に花が開く。雄花穂は下垂する。雌花穂は数個の花が頭状につく。果実は球形で径約1.5cm、1〜3果をつける。葉状で先が数裂する苞が鐘状に包む。果実は食用にする。

- 県内･東部と西部の山地にまれにある。 • 全国･北海道、本州、九州 • 写真･富士山須走口

ツノハシバミ

カバノキ科

山地に生える、落葉低木。樹高は4〜5m。葉は互生し、葉身は倒卵形、長さ5〜10cm、重鋸歯があり、鋭尖頭。側脈は8〜10対。花は3月、葉が出る前に花が開く。雄花穂は下垂する。雌花穂は数個の花が頭状につく。果実は卵形で先は尖る。剛毛が密生する総苞が、くちばし状になり包む。1〜5個が集まりつく。和名はくちばし状の果実の形に由来する。

- 県内･伊豆は希、他の地域は各地の山地に分布する。 • 全国･北海道、本州、四国、九州
- 写真･裾野市東臼塚

シラカンバ

カバノキ科

山地に生える、落葉高木。樹高は20mに達する。樹皮は白色、薄紙状にはがれる。葉は互生し、葉身は三角状広卵形で、長さ5〜10cm、重鋸歯があり、鋭尖頭。側脈は5〜8対。花は4〜5月、雄花穂は下垂する。雌花穂は短枝の先に上向きにつく。果穂は円柱形で長さ3〜5cm、下垂する。果実は長楕円形で両側に翼がある。別名シラカバ。和名は樹皮が白いことに由来する。

• 県内・伊豆を除く、山地に分布するが少ない。 • 全国・北海道、本州 • 写真・浜松市兵越峠

ダケカンバ

カバノキ科

山地から高山に生える、落葉高木。樹高は20m以上になる。高山では低木状になる。樹皮は灰赤褐色、薄紙状にはがれる。葉は互生し、葉身は三角状広卵形で、長さ5〜10cm、重鋸歯があり、鋭尖頭。側脈は7〜12対。花は5〜6月、雄花穂は下垂する。雌花穂は短枝の先に上向きにつく。果穂は楕円形で、長さ2〜4cm。果実は倒卵形で両側に翼がある。別名ソウシカンバ(草紙カンバ)は、樹皮に紙のように字が書けることに由来する。

• 県内・伊豆を除く各地の山地から高山に分布する。 • 全国・北海道、本州、四国 • 写真・富士山富士宮口

ハンノキ

カバノキ科

低地の湿潤地に生える、落葉高木。樹高は15～20m。樹皮は灰褐色。葉は互生し、葉身は卵状楕円形で、長さ5～10cm、鋸歯があり、鋭尖頭。側脈は7～9対。花は11～3月、雄花穂は2～3個が下垂する。雌花穂は葉腋に1～5個つく。果穂は楕円形で、長さ約2cm。果実は広倒卵形で狭い翼がある。果穂は染料にする。蒸散作用が大きいので、湿地に植栽して土壌改良に用いる。

- 県内・各地の低地に分布する。 • 全国・北海道、本州、四国、九州、琉球 • 写真・掛川市市内

サクラバハンノキ

カバノキ科

低地の水湿地に生える、落葉高木。樹高は10～20m。樹皮は灰褐色。葉身は卵状楕円形で、長さ5～10cm、基部は浅心形、鋸歯があり、鋭尖頭。側脈は9～12対。花は2～3月、雄花穂は2～5個が下垂する。雌花穂は3～5個つく。果穂は楕円形で、長さ約2cm。果実は倒卵形で翼がある。和名は葉がサクラの葉に似ていることに由来する。ハンノキに似るが葉身基部が浅心形になり、側脈が多く、葉脈はやや下面に隆起する。

- 県内・西部の低地に分布するが少ない。 • 全国・本州、九州 • 写真・浜松市宮口

ケヤマハンノキ

カバノキ科

山地に生える、落葉高木。樹高は15～20m。樹皮は紫黒褐色。葉は互生し、葉裏は暗褐色の毛が密生する。葉身は広卵形で長さ5～10cm。鋸歯があり、鈍頭。側脈は6～8対。花は4月、雄花穂は2～4個が下垂する。雌花穂は3～5個つく。果穂は楕円形で、長さ約2cm。果実は長楕円形で翼がある。ヤマハンノキは葉の裏面が無毛で、粉白色を帯びる。

• 県内･各地の山地に分布する。 • 全国･北海道、本州、四国、九州 • 写真･裾野市東臼塚

ヤハズハンノキ

カバツキ科

山地に生える、落葉小高木。樹高は10～15m。樹皮は灰黒色。葉は互生し、葉身は倒卵円形で、長さ5～10cm、先端は凹み、矢筈形で鋸歯がある。側脈は6～9対。花は5～6月、雄花穂は1～2個が下垂する。雌花穂は2～5個つく。果穂は楕円形で、長さ約2cm。果実は広楕円形で狭い翼がある。他のハンノキ類とは、葉形が矢筈形で、著しく異なるので区別できる。

• 県内･伊豆を除く、各地の山地に分布する。 • 全国･本州（中部以北） • 写真･富士山須走口

ミヤマハンノキ

カバノキ科

山地から高山に生える、落葉小高木。樹高は5～10m。樹皮は暗褐色。若枝や葉は粘る。葉は互生し、葉身は広卵形で、長さ5～10cm、重鋸歯があり、急鋭尖頭。側脈は8～12対。花は5～7月、雄花穂は2～3個が下垂する。雌花穂は2～5個つく。果穂は広円形で、長さ約1.5cm。果実は卵形で翼がある。

• 県内・伊豆を除く、山地から高山に分布する。 • 全国・北海道、本州 • 写真・富士山須走口

ヤシャブシ

カバノキ科

山地に生える、落葉小高木。樹高は10～15m。樹皮は暗褐色。葉は互生し、葉身は狭卵形で、長さ5～10cm、重鋸歯があり、鋭尖頭。側脈は13～17対。花は3月、雄花穂は1～2個が下垂する。雌花穂は2～3個つく。果穂は楕円形で、長さ約2cm。果実は楕円形で翼がある。果穂はタンニンを多く含み利用する。ミヤマヤシャブシは高地にあり、葉裏の毛が多い。ヒメヤシャブシは側脈が20～25対と多く、雌花穂は小形で3～6個を下垂する。

• 県内・各地の山地に分布する。 • 全国・本州、四国、九州 • 写真・浜松市春野

オオバヤシャブシ

カバノキ科

沿海地に生える、落葉小高木。樹高は5～10m。樹皮は暗褐色。葉は互生し、毛はない。葉身は卵形で長さ6～12cm、重鋸歯があり、鋭尖頭。側脈は12～15対。花は3～4月、雄花穂は1個つき下垂する。雌花穂も1個つく。果穂は広楕円形で、長さ2～2.5cm。果実は狭楕円形で翼がある。他のヤシャブシ類とは雌花穂が1個つくので区別できる。砂防用緑化木として各地で利用される。

• 県内・各地の沿海地に分布する。 • 全国・本州、伊豆諸島 • 写真・牧之原市牧之原

ブナ

ブナ科

山地に生える、落葉高木。樹高は30mに達する。樹皮は灰白色。葉は互生し、若い葉は軟毛があるが、葉脈以外は無毛になる。葉身は卵形で、長さ5～10cm、鋸歯があり、鋭頭。側脈は7～11対。花は5月、雄花穂は数個つき下垂する。雌花は葉腋に上向きにつき、2個の花が総苞に包まれる。果実は三稜形で、長さ1.5cm。刺のある広卵形の殻斗に包まれる。ブナは日本の温帯林を代表する樹木で、県内では標高1,000m以上の山地に広く分布する。

• 県内・各地の山地に分布する。 • 全国・北海道、本州、四国、九州 • 写真・浜松市岩岳山

クリ

ブナ科

低地から山地に生える、落葉高木。樹高は20mに達する。樹皮は黒褐色で、縦に裂け目がある。葉は互生し、葉身は長楕円形で、長さ5～15cm、針状の鋸歯があり、鋭頭。側脈は15～25対。花は6月、雄花穂は多数が、直立または斜上し、開花後垂れ下がる。雌花は雄果穂の下に1～2個つく。果実は偏円形で、通常1～3個が集まり、刺のある総苞に包まれる。果実を食用にする。材は建築、器具などに広く用いる。和名は黒実（クロミ）の転化。

• 県内・各地の低地から山地に分布する。 • 全国・北海道、本州、四国、九州 • 写真・掛川市粟ヶ岳

コナラ

ブナ科

低地から山地に生える、落葉高木。樹高は15～20m。樹皮は灰白色、縦に不規則な裂け目がある。葉は互生し、下面は灰白色を帯びる。葉身は長楕円形で、長さ5～12cm、鋸歯があり、鋭頭。花は4～5月、雄花穂は多数が下垂する。雌花穂は葉腋に1～数花が穂状につく。果実は楕円形で長さ1.5～2cm。殻斗は杯状で外側に、小鱗片を密生する。材は建築、細工、器具に用いる。別名はナラ。ミズナラとは明らかな葉柄があるので区別できる。

• 県内・各地の低地から山地に分布する。 • 全国・北海道、本州、四国、九州 • 写真・牧之原市牧之原

ミズナラ

ブナ科

山地に生える、落葉高木。樹高は30mに達する。樹皮は灰褐色、縦に不規則な裂け目がある。葉は互生し、葉身は倒卵状楕円形で、長さ5〜15cm、鋸歯があり、鋭尖頭。花は5月、雄花穂は数個が下垂する。雌花は葉腋に、1〜3個つく。果実は長楕円形で、長さ2〜3cm、殻斗は杯状で外側に小鱗片を密生する。材は建築、家具、器具に広く用いる。和名は材に含まれる水分が多いことに由来する。

• 県内・各地の山地に分布する。 • 全国・北海道、本州、四国、九州 • 写真・裾野市東臼塚

クヌギ

ブナ科

山地に生える、落葉高木。樹高は10〜20m。樹皮は灰褐色、不規則な裂け目がある。葉は互生し、葉身は長楕円で、長さ5〜15cm、針状鋸歯があり、鋭尖頭。側脈は13〜17対。花は4〜5月、雄花穂は多数が下垂する。雌花は葉腋に1〜3個つく。果実は球形で、長さ約2cm。殻斗は半球形で、外側に長い鱗片を密生する。材は木炭、シイタケの原木、器具などに用いる。葉形はクリに似るが、鋸歯の先端に葉緑体がない。

• 県内・各地の山地に分布する。 • 全国・本州、四国、九州、琉球 • 写真・袋井市小笠山

アベマキ

ブナ科

山地に生える、落葉高木。樹高は20mに達する。樹皮は灰黒色、コルク質が発達し、不規則に裂け目ができる。葉は互生し、裏面は星状毛が密生し灰白色。葉身は長楕円形で、長さ10〜15cm、針状の鋸歯があり、鋭頭。側脈は12〜16対。花は4〜5月、雄花穂は多数が下垂する。雌花は単生。果実は球形で、長さ約2cm。殻斗は半球形で、外側に長い鱗片が密生する。

- 県内・中部と西部各地の山地に分布する。 • 全国・本州、四国、九州 • 写真・掛川市大尾山

カシワ

ブナ科

山地に生える、落葉高木。樹高は10〜20m。樹皮は灰褐色、不規則に裂け目ができる。葉は互生し、毛があり、裏面は星状毛が密生し灰白色。葉身は倒卵状楕円形で、長さ10〜30cm。大きい波形の鋸歯があり、鈍頭。側脈は10〜15対。花は4〜5月、雄花穂は多数が下垂する。雌花は葉腋に5〜6個が穂状につく。果実は球形で、長さ約2cm。殻斗は外側に長い鱗片が密生する。

- 県内・伊豆と東部各地の山地に分布する。 • 全国・北海道、本州、四国、九州
- 写真・富士宮市朝霧高原

ウバメガシ

ブナ科

沿海地から低地の岩上に生える、常緑小高木。樹高は10mに達する。樹皮は黒褐色、浅く縦に裂ける。葉は互生し、厚くて硬い。葉身は楕円形で、長さ3〜6cm、鋸歯があり、鈍頭。側脈は5〜6対。花は5〜6月、雄花穂は多数が下垂する。雌花は葉腋に1〜2個つく。果実は楕円形で、長さ約2cm。殻斗は杯形で、外側に小鱗片が密生する。和名は若葉に褐色の毛が密生するのを姥(ウバ)の目に例えた。

• 県内・各地の沿海地から低地に分布する。 • 全国・本州、四国、九州、琉球 • 写真・掛川市小笠山

シラカシ

ブナ科

山地に生える、常緑高木。樹高は20mに達する。樹皮は灰黒色。葉は互生し、葉身は狭長楕円形で、長さ5〜15cm。低い鋸歯がまばらにあり、鋭尖頭。花は5月、雄花穂は多数が下垂する。雌花は葉腋に、3〜4個が穂状につく。果実は楕円形で、長さ約2cm。殻斗は杯形で、外側に6〜8個の輪がある。庭園や公園に広く植栽される。和名は材が白色なことに由来する。

• 県内・各地の山地に分布する。 • 全国・本州、四国、九州 • 写真・掛川市小笠山

アラカシ

ブナ科

山地に生える、常緑高木。樹高は20mに達する。樹皮は緑灰黒色。葉は互生し、裏面は絹毛を密生し、灰白色。葉身は卵状長楕円形で、長さ5〜15cm、上半分に鋸歯があり、鋭尖頭。花は4〜5月、雄花穂は多数が下垂する。雌花は葉腋に、3〜5個が穂状につく。果実は卵円形で、長さ約2cm。殻斗は杯形で、外側に5〜7個の輪がある。

- 県内・各地の山地に分布する。 • 全国・本州、四国、九州 • 写真・袋井市宇刈

アカガシ

ブナ科

山地に生える、常緑高木。樹高は20mに達する。樹皮は緑灰黒色。葉は互生し、革質で、葉柄が2〜4cmと長い。葉身は卵状楕円形で、長さ5〜15cm、全縁で鋭尖頭。花は4〜5月、雄花穂は数個が下垂する。雌花は葉腋に、5〜6個が穂状につく。果実は卵円形で、長さ約2cm。殻斗は杯形で、外側に10個内外の輪がある。材は床柱、器具に用いる。和名は材が紅褐色なことに由来する。

- 県内・各地の山地に分布する。 • 全国・本州、四国、九州 • 写真・掛川市小笠山

ツクバネガシ

ブナ科

山地に生える、常緑高木。樹高は20mに達する。樹皮は緑灰黒色。葉は互生し、革質。葉身は広披針形で、長さ5〜12cm、上半分に鋸歯があり、鋭尖頭。花は5月、雄花穂は数個が下垂する。雌花は葉腋に、3〜4個が穂状につく。果実は卵円形で、長さ約1.5cm。殻斗は杯形で、外側に8〜9個の輪がある。和名は枝先の4枚の葉の様子が、羽子板でつく羽根に似ることに由来する。

• 県内・各地の山地に分布する。 • 全国・本州、四国、九州 • 写真・浜松市佐久間

ウラジロガシ

ブナ科

山地に生える、常緑高木。樹高は20mに達する。樹皮は黒灰色。葉は互生し、葉裏は黄褐色の毛を密生するが、後に雪白色になる。葉身は披針形で、長さ7〜10cm。やや鋭い鋸歯があり、鋭尖頭。花は5月、雄花穂は数個が下垂する。雌花穂は葉腋に、3〜4個が穂状につく。果実は広卵形で、長さ約1.5cm。殻斗は杯形で、外側に6〜7個の輪がある。和名は葉裏の色が白色なことに由来する。

• 県内・各地の山地に分布する。 • 全国・本州、四国、九州、琉球 • 写真・浜松市佐久間

イチイガシ

ブナ科

山地に生える、常緑高木。樹高は30mに達する。樹皮は灰黒褐色。老木では不規則にはがれる。枝葉は黄褐色の毛で覆われる。葉は互生し、葉身は倒披針形で、長さ5〜14cm。鋭い鋸歯があり、鋭尖頭。花は4〜5月、雄花穂は数個が下垂する。雌花は葉腋に数個が穂状につく。果実は卵円形で、長さ約2cm。殻斗は杯形で、外側に6〜7個の輪がある。神社などに植栽される。果実は食用になる。

• 県内・各地の山地に分布する。 • 全国・本州、四国、九州 • 写真・浜松市細江

スダジイ

ブナ科

沿海地から山地に生える、常緑高木。樹高は20mに達する。樹皮は黒褐色、縦に深く裂ける。葉は互生し、葉裏は淡褐色。葉身は披針形で、長さ5〜15cm、全縁または鋸歯があり、鋭尖頭。花は5〜6月、雄花穂は葉腋につき斜上する。雌花は葉腋に、数個が穂状につく。果実は円錐状卵形で、長さ約1.5cm。殻斗は卵形で、果実を包む。ツブラジイはやや内陸にあり、果実は球形なので区別できる。

• 県内・各地の沿海地から山地に分布する。 • 全国・本州、四国、九州 • 写真・浜松市細江

マテバシイ

ブナ科

平地に生える、常緑高木。樹高は15mほどになる。樹皮は暗褐青色。葉は互生し、葉裏は黄褐色。葉身は倒卵状披針形、長さ10〜25cmで、全縁、鋭尖頭で鈍頭に終わる。花は6月、雄花穂と雌花穂は葉腋につき斜上する。果実は長楕円形で、長さ2〜3cm。殻斗は杯形、外側に小鱗片が密生する。九州から琉球原産、県内の分布は逸出である。他種とは、葉裏が黄褐色で、果実が大きいので区別できる。

- 県内・各地の平地に逸出する。伊豆に群生地がある。 • 全国・九州、琉球 • 写真・掛川市市内

ムクノキ

ニレ(アサ)科

低地から山地に生える、落葉高木。樹高は20mに達する。樹皮は灰褐色。葉は互生し、葉の両面に剛毛がありざらつく。葉身は狭卵形で、長さ5〜10cm、鋸歯があり、鋭尖頭。葉脈は基部で3脈に分岐、支脈は羽状で、4〜11対に分岐し、鋸歯の先端に達する。花は5月、淡緑色で、雄花は多数、雌花は1〜2個つく。果実は卵形で、径約12mm、紫黒色に熟す。別名ムクエノキ。

- 県内・各地の低地から山地に分布する。 • 全国・本州、四国、九州、琉球 • 写真・浜松市佐鳴湖岸

ケヤキ

ニレ科

山地に生える、落葉高木。樹高は30mに達する。樹皮は灰白色、老木では鱗片状にはがれる。葉は互生し、葉身は卵状披針形で、鋸歯があり、鋭尖頭。葉脈は裏面に突出し、側脈は羽状で、鋸歯の先端に達する。花は4～5月、雄花は葉腋に束生し、淡黄緑色で小さい。雌花は通常単生。果実は扁球形で、稜角があり、径約4mm、灰黒色に熟す。材は神社などの建築材に重用する。細工、器具に用いる。公園、街路樹に広く植栽される。

● 県内・各地の山地に分布する。 ● 全国・本州、四国、九州 ● 写真・掛川市市内

エノキ

ニレ(アサ)科

低地から山地に生える、落葉高木。樹高は20mに達する。樹皮は灰黒色。葉は互生し、葉身は広楕円形、長さ5～10cm、鋸歯があり、鋭尖頭。葉脈は基部で3分岐し、1～4対の脈を分ける。葉脈は内側に曲がり、鋸歯の先に達しない。花は4～5月、雄花は多数、淡黄褐色で小さい。雌花は1～3個。果実は球形で、径6～8mm、赤褐色に熟す。材は建築、器具、薪炭に用いる。

● 県内・各地の低地から山地に分布する。 ● 全国・本州、四国、九州 ● 写真・掛川市市内

ヤマグワ

クワ科

低地から山地に生える、落葉小高木。雌雄異株。樹高は5〜10m。樹皮は灰褐色、縦に不規則な裂け目がある。葉は互生し、葉身は卵状広楕円形、しばしば3〜5深裂、長さ6〜15cm、鋸歯があり、鋭尖頭。花は4〜5月、緑黄色で、雌花穂は、雄花穂より短い。果実は多肉質で、長楕円形、黒紫色に熟し、食べられる。葉は養蚕に、材は建築、家具、器具に用いる。

• 県内・各地の低地から山地に分布する。 • 全国・北海道、本州、四国、九州、琉球 • 写真・伊東市一碧湖岸

ヒメコウゾ

クワ科

低地に生える、落葉低木。樹高は2〜5m。葉は互生する。葉身はゆがんだ卵形でしばしば2〜3深裂する。長さ4〜10cm、鋸歯があり、先端は尾状に尖る。花は4月、花穂は球形で、上部の葉腋に雌花穂、下部に雄花穂がつく。果実は球形で径約1.5cm、赤色に熟す。和紙の原料にするコウゾは、カジノキとヒメコウゾの雑種とされ多形で、両者の中間形になる。

• 県内・各地の低地に分布する。 • 全国・本州、四国、九州 • 写真・牧之原市牧之原

イタビカズラ

クワ科

低地から山地に生える、常緑藤本。雌雄異株。木の幹や岩上、石垣を気根でよじ登る。葉は互生し、裏面は灰白色を帯びる。葉身は卵状長楕円形、長さ5〜15cm、全縁で、先端は尾状にのび尖る。花は6〜7月、果嚢は葉腋に1〜2個つき、雌雄共に球形で、径約1cm、黒紫色に熟す。ヒメイタビの大形の葉は似ているが、卵形で先端は尾状にのびず、花嚢は径約2cm。オオイタビの葉は楕円形で果嚢は径3〜4cm。

• 県内・各地の低地から山地に分布する。 • 全国・本州、四国、九州、琉球 • 写真・掛川市市内

イヌビワ

クワ科

低地から山地生える、落葉低木。雌雄異株。樹高は3〜5m。樹皮は平滑で灰白色。葉は互生し、葉身は卵状楕円形、長さ10〜20cm、全縁で、鋭尖頭。花は3〜4月、雄花と雌花の花嚢は共に球形で、葉腋に1個つき、径8〜15mm。果嚢は径約2cm、黒紫色に熟す。ホソバイヌビワは、葉が線状披針形で幅1.5〜3cm。ケイヌビワは全体に軟毛が生える。いずれも希にある。和名は果実がビワに似ていて、品質が悪いのでイヌとつけた。

• 県内・各地の低地から山地に分布する。 • 全国・本州、四国、九州、琉球 • 写真・掛川市小笠山

コアカソ

イラクサ科

山地に生える、落葉低木。樹高は1～2m。茎や葉柄が赤味を帯びる。葉は対生し、葉身は菱状卵形、長さ4～8cm、縁に深い鋸歯があり、先端は尾状に尖る。花は8～10月、葉腋に細長い花穂をつける。通常、雄性花穂をつけず、雌性花穂のみで結実する。果実は約1mm、微毛がある。和名は赤味を帯びることに由来する。コバノコアカソは葉が小形で、長さ2～4cm。有性生殖をする。

• 県内・各地の山地に分布する。 • 全国・本州、四国、九州 • 写真・牧之原市牧之原

ヤナギイチゴ

イラクサ科

沿海地から山地に生える、落葉低木。雌雄異株。樹高は2～3m。葉は互生し、披針形で、長さ5～15cm。裏面は白綿毛が密生する。鋸歯があり、先端は鋭尖頭。花は4～5月、葉腋に短い柄を出し、多数の花が集まりつく。果実は球形で多肉質、径5～7mm、黄色に熟し、食べられる。和名は葉はヤナギ、果実はイチゴに似ているので名付けられた。

• 県内・東部を除く、各地の沿海地から山地に分布する。 • 全国・本州、四国、九州、琉球 • 写真・伊東市城ヶ崎海岸

ヤマモガシ

ヤマモガシ科

低地に生える、常緑小高木。樹高は6〜10m。樹皮は黒褐色。葉は互生し、葉身は長楕円形、長さ5〜15cm。上半分に鋸歯があり、鋭頭。花は7〜8月、葉腋から10〜15cmの花穂を出し、白色の花をブラシ状につける。果実は楕円形で、長さ約1cm。黒色に熟す。和名は山地に生え、葉形などがホルトノキ科のモガシ（ホルトノキ）に似ることに由来する。静岡県は分布の北限自生地。

• 県内・中部と西部の低地に分布するが少ない。 • 全国・本州、四国、九州、琉球 • 写真・浜松市宮口

ツクバネ

ビャクダン科

山地に生える、落葉低木。雌雄異株。半寄生植物。樹高は1〜2m。葉は対生し、葉身は長卵形、長さ3〜7cm、全縁で、先端は尾状にのび鋭頭。花は5〜6月、小枝の先に、径約4mmの淡緑色の花をつける。果実は楕円形で長さ約1cm、3cmほどの細長い葉状の苞を4個つける。熟すと褐色になる。和名は果実の形が羽子板でつく、羽根に似ることに由来する。

• 県内・伊豆を除く、山地に分布するが少ない。 • 全国・本州、四国、九州 • 写真・浜松市渋川

マツグミ

ヤドリギ(オオバヤドリギ)科

山地のアカマツ、モミなどの針葉樹に寄生する、常緑低木。高さ20〜50cm。葉は互生し革質。葉身は倒披針形で、長さ2〜4cm。先端は円く、下部は次第に狭くなる。花は7〜8月、葉腋に数個の深赤色の花をつける。萼は細長い筒形で、先端は4裂する。果実は球形で径約5mm、赤色に熟す。和名はアカマツに寄生し、果実はグミに似ることに由来する。

- 県内・各地の山地に分布するが少ない。 • 全国・本州、四国、九州 • 写真・掛川市小笠山

オオバヤドリギ

ヤドリギ(オオバヤドリギ)科

沿海地から低地のウバメガシなどのカシ類、シイ類など、常緑樹に寄生する、常緑低木。茎はややつる性で、1mほどになる。全体に赤褐色の毛が密生する。葉は対生または互生し、葉身は広楕円形で、長さ3〜6cm、全縁で、鈍頭から円頭。花は9〜12月、葉腋に数個の狭筒形の花をつける。花は外面は赤褐色で内面は黒紫色。果実は広楕円形で、赤褐色に熟す。和名は葉が大形のヤドリギなので名付けられた。野鳥が花粉を媒介する。

- 県内・沿海地から低地に分布するが少ない。 • 全国・本州、四国、九州、琉球 • 写真・御前崎市浜岡

ヒノキバヤドリギ

ヤドリギ(ビャクダン)科

山地のソヨゴ、ヒサカキ、ネズミモチなど、常緑樹に寄生する、常緑低木。高さ5〜20cm。全体は緑色で、関節があり分岐する。節間は扁平。葉は鱗片状で、各節につき対生する。花は5〜8月、節部に数個、黄緑色で径約1mmの小さな花をつける。果実は球形で径約3mm、橙黄色に熟す。種子は1個、まわりにある粘質物で他樹につき増殖する。和名は全形がヒノキの葉に似ることに由来する。

- 県内・東部を除く、山地に分布するが少ない。 ● 全国・本州、四国、九州、琉球、小笠原
- 写真・浜松市浜北森林公園

ヤドリギ

ヤドリギ(ビャクダン)科

山地のエノキ、ケヤキ、ブナ類、サクラ類などに寄生する、常緑低木。雌雄異株。全体が緑色で無毛。高さ40〜60cm。枝は2〜3叉に分岐する。円柱形で節がある。葉は対生し、葉は厚い革質。葉身は倒披針形で、長さ3〜8cm。花は2〜3月、枝先の葉の間に黄色の小さい花をつける。果実は球形で径約8mm、淡橙黄色に熟す。アカミノヤドリギは、果実が橙赤色に熟す。

- 県内・山地に分布するが少ない。 ● 全国・北海道、本州、四国、九州 ● 写真・浜松市天竜

コブシ

モクレン科

山地に生える、落葉小高木。樹高は8〜15m、葉は互生し、葉身は広倒卵形、長さ5〜15cm、全縁で、先端は突出し鈍頭。花は3〜4月、葉に先立って開花する。径7〜10cm、萼片3個で小形、花弁は6個で基部は紅色。葉の下に1個の小形の葉がある。果実は長楕円形で、長さ7〜10cm。種子は赤色で、熟すと白い糸で垂れ下がる。和名は拳(コブシ)で、つぼみの形に由来する。ハクモクレンとは花のすぐ下に葉があるので区別できる。

- 県内・伊豆と東部各地の山地に分布する。中部と西部は少ない。
- 全国・北海道、本州、四国、九州
- 写真・富士宮市朝霧高原

タムシバ

モクレン科

山地に生える、落葉小高木。樹高は10mに達する。樹皮は灰色で平滑。葉は互生し、葉身は披針形、裏面は粉白色を帯びる。長さ6〜10cm、全縁で鋭尖頭。花は4月、葉に先立って開花する。径約10cm、萼片3個で小形、花弁は6個で白色。果実は長楕円形で、長さ7〜8cm。種子は赤色で、熟すと白い糸で垂れ下がる。

- 県内・西部の山地に分布するが少ない。
- 全国・北海道、本州、四国、九州
- 写真・浜松市龍山

ホオノキ

モクレン科

山地に生える、落葉高木。樹高は20～30m。樹皮は灰白色。葉は互生し、葉身は倒卵状楕円形、裏面は白色を帯びる。長さ20～40cm、全縁で、先は尖る。花は5～6月、径15cm内外、花被片は9～12個、外側の3個の花被片は、淡緑色で赤味を帯び、内側の6～9個は黄白色。果実は長楕円形で、長さ10～15cm。種子は赤色で、熟すと白い糸で垂れ下がる。材は建築や細工、版木、彫刻に、葉は食物を盛ったり、包むのに用いる。

- 県内・各地の山地に分布する。 • 全国・北海道、本州、四国、九州 • 写真・浜松市引佐

オガタマノキ

モクレン科

山地に生える、常緑高木。樹高は15mに達する。樹皮は緑灰白色で平滑。葉は互生し、葉身は長楕円形、長さ5～12cm、全縁で、鋭頭、鈍端。裏面は白色を帯びる。花は2～4月、径3～4cm。花被片は9～12個で、白色、基部は紅紫色。果実は長楕円形で、長さ5～10cm。種子は赤色に熟し、2個ずつ入る。神事に使用されるので、神社に植栽される。材は家具や器具に用いる。和名はこの木を神に供え、神霊をお招ねきすることに由来する。

- 県内・山地に分布するが少ない。 • 全国・本州、四国、九州、琉球 • 写真・掛川市粟ヶ岳

サネカズラ

マツブサ科

山地に生える、常緑つる性木本。雌雄異株。幹は太さ2cmほどになる。葉は互生し、葉身は長楕円形、長さ5～12cm、まばらに鋸歯があり、先端は尖る。花は8～9月、花被片は8～17個で、黄白色。果実は約5mm、多数集まり、径2～3cmの球形になり、垂れ下がり、赤色に熟す。別名ビナンカズラは、樹皮の抽出液で、頭髪を整えたことに由来する。

• 県内・各地の山地に分布する。 • 全国・本州、四国、九州、琉球 • 写真・掛川市小笠山

シキミ

シキミ(マツブサ)科

山地に生える、常緑低木。樹高は2～5m。樹皮は黒灰褐色で平滑。全体無毛。葉は互生し、厚くて革質。葉身は倒卵状長楕円形、長さ4～10cm、全縁で、先端は尖る。花は3～4月、黄白色で、径約3cm。花被片は10～20個、波状に少し捩じれる。果実は扁平な八角形で、数個が星状に集まり、径2～3cmになる。種子は楕円形で黄褐色。葉や樹皮は抹香の材料、枝は仏前に供える。有毒植物。

• 県内・各地の山地に分布する。 • 全国・本州、四国、九州、琉球 • 写真・川根本町中川根

クスノキ

クスノキ科

平地から低地に生える、常緑高木。樹高は20m以上になる。樹幹は暗褐色で、縦に裂ける。葉は互生し、裏面は白味を帯びる。葉身は楕円形で、長さ5〜10cm、3行脈が目立つ。全縁で、先端は鋭頭。花は5〜6月、葉腋に、小さな黄白色の花を多数つける。果実は球形で、径7〜8mm、紫黒色に熟す。材は船舶、建築、器具に用いる。材や葉から樟脳を採り薬用にする。神社や庭園に広く植栽される。

• 県内·各地の平地から低地に分布する。 • 全国·本州、四国、九州 • 写真·掛川市市内

ヤブニッケイ

クスノキ科

沿海地から山地に生える、常緑高木。樹高は15〜20m。樹皮は灰黒色で平滑。葉は互生し無毛、葉身は卵状楕円形、長さ6〜12cm、全縁で、先端は尖る。3行脈が目立つ。花は6月、葉腋に黄緑色の小さな花を多数つける。果実は球形で、長さ約1cm、紫黒色に熟す。材は建築、器具に用いる。樹皮は薬用にする。和名はニッケイに似て、薮に生えることに由来する。ニッケイは葉裏に細かい毛がある。

• 県内·各地の沿海地から山地に分布する。 • 全国·本州、四国、九州、琉球 • 写真·牧之原市牧之原

タブノキ

クスノキ科

沿海地から山地に生える、常緑高木。樹高は15mに達する。樹皮は暗褐色。葉は互生し、葉裏は灰白色を帯びる。葉身は卵状長楕円形、長さ10〜15cm、全縁で、鋭尖頭で鈍端。花は4〜5月、枝先に黄緑色の小さな花を多数つける。果実は球形で径約1cm、黒紫色に熟す。果柄は赤色。材は建築、器具に用いる。樹皮から染料を採る。別名イヌグス。

• 県内・各地の沿海地から山地に分布する。 • 全国・本州、四国、九州、琉球 • 写真・浜松市浜北

シロダモ

クスノキ科

低地から山地に生える、常緑高木。雌雄異株。樹高は10〜15m。樹皮は暗褐色。葉は互生し、葉裏は灰白色。若葉は絹毛で覆われる。葉身は卵状長楕円形、長さ5〜15cm、全縁で、先端は尖る。3行脈が目立つ。花は10〜11月、枝先に淡黄色の小さな花が多数集まってつく。果実は楕円形で、径約1.5cm、赤色に熟す。和名は葉裏が白色なことに由来する。キミノシロダモは果実が黄色に熟す。

• 県内・各地の低地から山地に分布する。 • 全国・本州、四国、九州、琉球 • 写真・藤枝市瀬戸ノ谷

イヌガシ

クスノキ科

山地に生える、常緑小高木。雌雄異株。樹高は4～5m。樹皮は灰黒色。葉は互生し、裏面は粉白色を帯びる。葉身は卵状長楕円形、長さ5～12cm、全縁で、先端は尖り鈍端。3行脈が目立つ。花は3～4月、葉腋や小枝に暗紅色の小さな花が多数集まってつく。果実は楕円形で、長さ約1cm、黒紫色に熟す。和名はカシに似ているが本物ではない木の意味。

• 県内・各地の山地に分布する。 • 全国・本州、四国、九州、琉球 • 写真・掛川市粟ヶ岳

アオモジ

クスノキ科

低地に生える、落葉低木。雌雄異株。樹高は2～3m。小枝は暗緑色。葉は互生。裏面は粉白色。葉身は広披針形、長さ7～15cm、全縁で、長鋭尖頭。花は3～4月、枝先に白色の花を多数つけ、葉の出る前に開く。果実は球形で、径約6mm、紫黒色に熟す。西日本原産、県内の分布は逸出で、1972年頃から広まり始めた。芳香があり、香料に用いる。クロモジとは、幹、枝が緑色なので区別できる。

• 県内・中部を除く、各地の低地に逸出する。 • 全国・九州、琉球 • 写真・浜松市浜北森林公園

カゴノキ

クスノキ科

低地から山地に生える、常緑高木。雌雄異株。樹高は15m内外。樹皮は灰黒色で、まばらにはがれる。葉は互生し、葉身は倒卵状長楕円形、長さ5～9cm、全縁で、先端は尖り鈍端。裏面は粉白色。花は8月、小さな淡黄色の花が多数集まってつく。果実は卵状球形で、径約1cm、赤色に熟す。和名は樹皮が鹿の子模様にはがれることに由来する。

• 県内・各地の低地から山地に分布する。東部は少ない。 • 全国・本州、四国、九州 • 写真・掛川市小笠山

クロモジ

クスノキ科

山地に生える、落葉低木。雌雄異株。樹高は2～3m。樹皮は緑色で、黒色の斑点がある。葉は互生し、葉身は倒卵状長楕円形、長さ5～10cm、全縁で、先端は尖り鈍端。花は3～4月、葉と同時に開く。黄緑色の小さな花が多数集まってつく。果実は球形で、径5～6mm、黒色に熟す。独特の香りがあり、樹皮の油を香料に、枝は細工や爪楊枝に用いる。和名は樹皮にある黒い斑点を文字になぞられた。

• 県内・各地の山地に分布する。 • 全国・本州（関東、中部） • 写真・浜松市春野

カナクキノキ

クスノキ科

山地に生える、落葉小高木。雌雄異株。樹高は5〜10m。樹皮は淡灰褐色。葉は互生し、葉身は披針形で、長さ6〜15cm、全縁で、先端は尖り鈍端。花は4〜5月、葉と同時に開く。黄緑色の小さな花が多数集まってつく。果実は球形で、径約6mm、赤色に熟す。器具や薪炭に用いる。和名は釘に関連しているが、材はそれほど緻密ではない。

• 県内・伊豆を除く、各地の山地に分布する。 • 全国・本州、四国、九州 • 写真・浜松市春野

ダンコウバイ

クスノキ科

山地に生える、落葉低木。雌雄異株。樹高は3〜4m。樹皮は灰褐色。葉は互生し、葉身は広卵形で、3浅裂、長さ5〜15cm、裂片は鈍頭。3行脈が目立つ。花は3〜4月、黄色で、葉に先だって開き、集まってつく。果実は球形で、径約8mm、赤色に熟す。

• 県内・各地の山地に分布する。 • 全国・本州、四国、九州 • 写真・富士宮市朝霧高原

ヤマコウバシ

クスノキ科

山地に生える、落葉低木。雌雄異株。樹高は2～5m。樹皮は淡褐色。葉は互生し、若葉は裏面が絹毛で覆われる。葉身は楕円形、長さ5～10cm、全縁で、鋭頭。葉は秋に落葉せず、枯れた状態で枝について冬を越し、萌芽のときに落葉する。花は4～5月、葉腋に黄緑色の花が少数つく。果実は球形で、径約7mm、黒色に熟す。和名は香りがあるのでつけられたというが、香りはそれほど強くない。

• 県内・各地の山地に分布するが少ない。 • 全国・本州、四国、九州 • 写真・浜松市市内

テンダイウヤク

クスノキ科

低地に生える、常緑低木。根は紡錘状になる。雌雄異株。樹高は3～5m。葉は互生し、新芽は淡黄褐色の毛を密生し、曲がり下垂する。葉身は倒卵形で、長さ4～8cm、3行脈が目立ち、裏面は粉白色。全縁で、先端は尾状に尖り鈍端。花は4月、葉腋に少数の淡黄色の花をつける。果実は楕円形で、長さ約8mm、黒色に熟す。中国原産、県内の分布は逸出である。根を薬用に用いる。

• 県内・中部と西部の低地に逸出する。 • 全国・本州、九州に逸出する。 • 写真・浜松市細江

シロモジ

クスノキ科

山地に生える、落葉低木。雌雄異株。樹高は4～5m。樹皮は灰褐色。葉は互生し、葉身は広倒卵形で、長さ約10cm、3中裂し、裂片は卵形で鋭尖頭。花は4月、葉に先だって、3～5個の黄色の花が開く。果実は球形で、径約10～13mm。黄色に熟し、下向きにつく。県内にはまれであるが、隣接する愛知県は広く分布する。

- 県内・西部の山地に希に分布する。 • 全国・本州、四国、九州 • 写真・浜松市水窪

アブラチャン

クスノキ科

山地に生える、落葉低木。雌雄異株。樹高は3～5m。樹皮は灰褐色。葉は互生し、葉柄は赤味を帯びる。葉身は卵状楕円形、長さ5～8cm、全縁で、先端は尖る。花は3～4月、葉に先だって淡黄色の花を開く。果実は球形で、径約15mm、黄褐色に熟す。和名は果実や樹皮に油が多く、灯油として利用したことに由来する。

- 県内・各地の山地に分布する。 • 全国・本州、四国、九州 • 写真・浜松市春野

ヤマグルマ

ヤマグルマ科

山地に生える、常緑高木。樹高は20mに達する。樹皮は黒褐色。全体無毛。葉質は厚く、表面は光沢がある。葉は互生し、葉身は広倒卵形、長さ5～15cm、上部に鋸歯があり、先端は尾状に尖る。花は5～6月、枝先に10～20個がまとまり、黄緑色の花を開く。花には萼片も花弁もない。果実は扁球形で径約1cm、褐色に熟す。和名は枝先の葉が、車状につくことに由来する。樹皮からとりもちを採る。

- 県内･各地の山地に分布する。 • 全国･本州、四国、九州、琉球 • 写真･浜松市春野

フサザクラ

フサザクラ科

山地に生える、落葉小高木。樹高は3～10m。樹皮は褐色。葉は互生し、葉身は広卵形で、長さ6～12cm、ふぞろいの鋸歯があり、先端は尾状に尖る。花は3～4月、葉に先だって、短枝の先に、暗赤色の花を房状に多数つける。花には萼片も花弁もない。果実は扁平で翼があり、長さ5～7mm、黄褐色に熟し、垂れ下がる。和名は花穂の様子に由来する。

- 県内･各地の山地に分布する。 • 全国･本州、四国、九州 • 写真･浜松市春野

カツラ

カツラ科

山地に生える、落葉高木。雌雄異株。樹高は30mに達する。樹皮は灰褐色で、縦に裂け目がある。葉は対生し、葉身は円形で、基部は心形、長さ3～7cm、鋸歯があり、円頭。花は4～5月、葉に先立って花が開く。花には萼片も花弁もない。葯は線形で紅色。果実は円柱形で、長さ約15mm。細長いくちばしがあり、黒紫色に熟す。種子は扁平で片側に翼がある。ヒロハカツラは、葉ほぼ円形で、長さ7～10cmと大きい。

● 県内・各地の山地に分布する。 ● 全国・北海道、本州、四国、九州 ● 写真・浜松市水窪

センニンソウ

キンポウゲ科

平地から低地に生える、つる性半低木。茎は長くのび分岐する。葉は奇数羽状複葉、小葉は3～7個。葉身は卵形、長さ3～5cm、全縁で、先端は尖る。花は8～9月、萼片4個が十文字に並び、白色で、径2～3cm。上を向いて平開する。果実は楕円形でミカン色、長さ約3cmの白色の羽毛状の長毛がある。有毒植物。フジセンニンソウは全形が似るが、乾くと葉が黒変するので区別できる。

● 県内・各地の平地から低地に分布する。 ● 全国・北海道、本州、四国、九州、琉球、小笠原
● 写真・掛川市市内

ボタンヅル

キンポウゲ科

低地に生える、つる性半低木。茎は長くのび分岐する。葉は1回3出複葉、小葉は卵形で、不ぞろいな欠刻状の鋸歯がある。花は8～9月、萼片4個が十文字に並び、白色で、径1.5～2cm、上を向いて平開する。果実は卵形で細毛がある。長さ約4mm。長さ約1cmの羽毛状の長毛がある。和名は葉がボタンの葉に似ることに由来する。コボタンヅルは葉が2回3出複葉で、果実に毛がない。

• 県内・各地の低地に分布する。 • 全国・本州、四国、九州 • 写真・東伊豆町細野湿原

ハンショウヅル

キンポウゲ科

山地の林縁に生える、落葉木本性つる植物。葉は対生し、1回3出複葉、小葉は卵形で、長さ4～9cm、鋸歯があり、鋭尖頭。花柄は葉より長い。花は5～6月、鐘形で、葉腋に下を向いて開く。長さ約3cm、萼片は4個、紫褐色で、縁に白色の細毛が密生する。果実は長卵形で長さ約6mm、長さ3～4cmの羽毛状の長毛がある。シロバナハンショウヅルは花期が4～5月、萼片は淡黄白色で、広鐘形になる。和名は花が半鐘形をしていることに由来する。

• 県内・山地に分布するが少ない。 • 国内・本州、九州 • 写真・静岡市両河内

トリガタハンショウヅル

キンポウゲ科

山地の林縁に生える、落葉木本性つる植物。葉は対生し、1回3出複葉、小葉は楕円形で、長さ2～8cm、鋸歯があり、鋭尖頭。花は4～5月、鐘形で葉腋に下を向いて開く。ハンショウヅルに似るが、全体やや小形で、花柄は葉より短く、花期は早く、萼片は淡黄白で、外面全体に白毛がある。和名のトリガタは、高知県の鳥形山で採られたことに由来する。

• 県内・伊豆を除く、山地に分布するが少ない。 • 国内・本州、四国 • 写真・静岡市竜爪山

クサボタン

キンポウゲ科

山地の林縁に生える、落葉低木。樹高は1mほどになる。葉は対生し、1回3出複葉、小葉は広卵形、鋸歯があり、先端は2～3浅裂し、長さ4～10cm、先は尖る。花は8～9月、多数が集まり円錐状につく。花は狭い鐘形で下を向いて開き、長さ1～2cm。萼片は4個、先は反り返る。内面は淡紫色で、外面に白色の細毛が密生する。果実は倒卵形で長さ約3mm、長さ約1.5cmの羽毛状の長毛がある。和名は葉の形がボタンの葉に似ることに由来する。

• 県内・各地の山地に分布する。 • 国内・本州 • 写真・静岡市井川

シロバナカザグルマ

キンポウゲ科

山地の林縁や湿地に生える、落葉木本性つる植物。葉は羽状複葉、小葉は3～5個で卵形、全縁で、鋭頭。花は5～6月、枝先に上向きに開き、径7～12cm。萼片は白色で8個。果実は広卵形で長さ約5mm、長毛がある。他県には花が淡紫色のもあるが、県内のは白花。和名は花を風車に例えた。絶滅危惧種（県）。テッセンは萼片が6個で植栽される。

• 県内・西部の山地に分布するが少ない。 • 国内・本州、四国、九州 • 写真・浜松市引佐

メギ

メギ科

山地に生える、落葉低木。樹高は2mほどになる。幹は分枝し、褐色で縦溝と稜がある。葉が変形した鋭い刺がある。葉は互生から束生し、葉身は楕円形で、長さ2～3cm、全縁で、鈍頭から円頭。花は4月、黄色で、2～4個が下向きに開く。萼片と花弁は各6個で、花弁は萼片より小さく、長さ約2mm。果実は長楕円形で7～10mm、赤色に熟す。和名は目木で茎を煎じて、洗眼薬に用いることに由来する。別名コトリトマラズは刺で小鳥が止まれないとの意味である。

• 県内・各地の山地に分布する。 • 国内・本州、四国、九州 • 写真・熱海市玄岳

ナンテン

メギ科

平地から低地に生える、常緑低木。樹高は1〜3m。葉は大形で、3回3出複葉。小葉は披針形で、長さ3〜7cm、全縁で、先端は鋭頭。花は5〜6月、枝の先に白色で、径約6mmの花を多数つける。果実は球形で、径6〜7mm、赤色に熟す。社寺林などに自生と思われるのもあるが、多くは逸出である。シロミナンテンは果実が白色、多くの園芸品種がある。庭園樹として、広く植栽される。咳止めの薬に用いる。

• 県内·各地の平地から低地に分布する。 • 国内·本州、四国、九州 • 写真·掛川市市内

アケビ

アケビ科

低地から山地の林縁に生える、落葉木本性つる植物。葉は掌状複葉で、小葉は5個、長楕円形で、長さ3〜6cm、全縁で先は少し凹む。花は4〜5月、葉の間から花穂を下垂し、先端に紫色の雄花を数個、基部に紅紫色の雌花を1〜3個つける。雌花は雄花より大きい。果実は長楕円形で、長さ5〜10cm、紫色に熟し裂開する。果肉は白色で食べられる。つるが丈夫なので、籠などを編むのに用いる。別名アケビカズラ。

• 県内·各地の低地から山地に分布する。 • 国内·本州、四国、九州 • 写真·掛川市小笠山

ミツバアケビ

アケビ科

低地から山地の林縁に生える、落葉木本性つる植物。葉は3出複葉で、小葉は3個、卵形で、長さ4〜6cm、少数の鋸歯があり、先は少しくぼむ。花は4〜5月、葉の間から花穂を下垂し、先端に濃紫色の雄花を多数、基部に濃紫色の雌花を1〜3個つける。雌花は雄花より大きい。果実は楕円形で、長さ約10cm、紫色に熟し裂開する。果肉は白色で食べられる。、籠などを編むのに用いる。

• 県内･各地の低地から山地に分布する。 • 国内･北海道、本州、四国、九州 • 写真･伊豆市天城湯ヶ島

ゴヨウアケビ

アケビ科

低地から山地の林縁に生える、落葉木本性つる植物。葉は掌状複葉。小葉は3〜5個、長卵形で、少数の鋸歯があるのが混ざる。先は少しくぼむ。花は4〜5月、葉の間から花穂を下垂し、先端に暗紫色の雄花を多数、基部に雌花を2〜3個つける。アケビとミツバアケビの雑種で、両者の中間の形をする。花はミツバアケビの似るが色はやや淡い。果肉は白色で食べられる。

• 県内･低地から山地に分布するが少ない。 • 国内･本州、四国、九州 • 写真･牧之原市牧之原

ムベ

アケビ科

山地の林縁に生える、常緑木本性つる植物。葉は掌状複葉で革質。小葉は5～7個、長卵形で、長さ5～10cm、全縁で、先は短く尖る。花は4～5月、雄花は数個、雌花は雄花より少なくつく。萼片は淡黄白色で、内側に紅紫色の条がある。果実は卵円形で、長さ5～8cm、暗紫色に熟し裂開しない。果肉は白色で食べられる。庭園に植栽される。高速道路の中央分離帯に使われる。別名トキワアケビ。

• 県内・各地の山地に分布する。 • 国内・本州、四国、九州、琉球 • 写真・掛川市市内

アオツヅラフジ

ツヅラフジ科

山地の林縁に生える、落葉木本性つる植物。雌雄異株。全体が淡黄褐色の毛で覆われる。葉は互生し、葉身は卵形で、浅く3裂することもあり、長さ5～10cm、基部は心形から円形、全縁で、先端は尖る。花は6～8月、枝先や葉腋に黄緑色の小さな花を多数つける。萼片と花弁は各5個。果実は球形で、径約7mm、藍黒色に熟し、白粉を帯びる。和名はつるで衣類を入れる葛籠(ツヅラ)を編むことに由来する。別名カミエビ。

• 県内・各地の山地に分布する。 • 国内・本州、四国、九州、琉球 • 写真・浜松市引佐

ハスノハカズラ

ツヅラフジ科

沿海地に生える、常緑木本性つる植物。雌雄異株。全体無毛。葉柄は盾形につき、裏面はやや白味を帯びる。葉は互生し、葉身は三角状広卵形で、長さ6〜12cm、全縁で、先端は尖る。花は7〜9月、葉腋から柄のある花穂を出し、淡緑色の小さい花を多数つける。果実は球形で、径約6mm、朱紅色に熟す。和名は葉がハスの葉のように、盾形につくことに由来する。

• 県内・伊豆と西部の沿海地に分布するが少ない。 • 国内・本州、四国、九州、琉球 • 写真・浜松市本坂峠

フウトウカズラ

コショウ科

沿海地に生える、常緑木本性つる植物。雌雄異株。茎は暗緑色で長くのび、地上をはい、節から気根をだし、樹木などによじ登る。葉は互生し、5本の脈が目立つ。葉身は長卵形で、長さ5〜8cm、全縁で、鋭尖頭。花は4〜6月、花穂は細長く、下垂する。雄花穂は小さな黄色の花を密生する。雌花穂は太い。果実は球形で、径3〜4mm、赤色に熟す。コショウに全形が似ているが辛味はない。

• 県内・各地の沿海地に分布する。 • 国内・本州、四国、九州、琉球、小笠原 • 写真・熱海市市内

センリョウ

センリョウ科

低地の林内に生える、常緑低木。樹高は1mほどになる。全体無毛。葉は対生し、葉身は長楕円形、長さ5～15cm、鋸歯があり、先端は尖る。花は6～7月、茎の先に2～3分岐する短い花穂を出し、黄緑色の花をつける。花被はなく、雌しべの横に、黄色のおしべが1個つく。果実は球形で、径5～6mm。赤色に熟す。県内の分布は多くは逸出である。庭園などに植栽される。

• 県内・各地の低地に分布する。 • 国内・本州、四国、九州、琉球 • 写真・掛川市市内

ウマノスズクサ

ウマノスズクサ科

低地の堤防や原野に生える、多年性つる植物。つるは1～5mになり分枝する。葉は互生し、葉身は卵状披針形、基部は耳形で心形、長さ4～6cm、全縁で、先端はやや尖り、鈍頭。花は5～8月、葉腋に1個つき、緑紫色で、ラッパ状筒形、長さ約3cm。果実は球形で下垂し、長さ15mm、基部から6裂する。和名は果実が馬につける鈴に、似ていることに由来する。

• 県内・西部は各地に分布する。他の地域は少ない。 • 国内・本州、四国、九州 • 写真・掛川市市内

タンザワウマノスズクサ

ウマノスズクサ科

低地から山地に生える、落葉木本性つる植物。全体に軟毛を密生する。つるは長くのびる。葉は互生し、若い葉は基部が耳形になる。葉身は円心形で、長さ5〜15cm、全縁で、先端は鈍頭。葉表に短毛があり、葉裏は軟毛があり脈上に開出毛がある。花は5〜7月、萼は筒形で中央から上向きに曲がり、先は開く。クリーム色で内部は黄緑色で濃紫色の条がある。果実は長楕円形で、長さ3.5〜6cm。オオバウマノスズクサは、葉裏脈上の毛は伏毛で花はやや小さい。

- 県内・伊豆を除く、各地の低地から山地に分布する。 • 国内・本州（関東、中部） • 写真・袋井市小笠山

サルナシ

マタタビ科

山地に生える、落葉性つる植物。雌雄異株。幹はつる状で長くのび、30mに達する。葉は互生し、葉身は広卵形で、長さ6〜10cm、鋸歯があり、基部は円形、先端は鋭尖頭。花は5〜7月、白色で、径1〜1.5cm、萼片と花弁は5個。葉腋に雄花は数個、雌花と両性花は1〜3個つける。果実は広楕円形で、2〜2.5cm。緑黄色に熟す。別名シラクチヅル。ウラジロマタタビは葉の裏面が粉白色を帯びる。

- 県内・各地の山地に分布する。 • 国内・北海道、本州、四国、九州 • 写真・浜松市岩岳山

マタタビ

マタタビ科

山地に生える、落葉性つる植物。幹はつる状で長くのびる。葉は互生し、葉身は広卵形で、長さ約10cm、鋸歯があり、基部は切形から浅心形、先端は鋭尖頭。上部の葉は全体または先端が白色になる。花は6～7月、白色で、径約2cm。葉腋に雄花は3個、雌花は1個で下向きにつける。萼片と花弁は5個。果実は長楕円形で、先は尖り、長さ約3cm、橙黄色に熟す。食用、薬用にする。猫属の動物が好む。

• 県内・各地の山地に分布する。 • 国内・北海道、本州、四国、九州 • 写真・浜松市春野

ヤブツバキ

ツバキ科

海岸から山地に生える、常緑高木。樹高は10～15m。樹幹は灰白色で平滑。葉は互生し、葉面は濃緑色で光沢がある。葉身は楕円形で、長さ5～10cm、鋸歯があり、先端は尖る。花は12～4月、広筒形で、濃紅色。径5～7cm。花弁は5個で平開しない。雄しべは多数、花糸の下部は合着する。果実は球形で、径4～5cm、中に2～3個の種子がある。種子から良質の油が採れる。多くの園芸品種が育成されていて植栽される。

• 県内・各地の海岸から山地に分布する。 • 国内・本州、四国、九州、琉球 • 写真・藤枝市蓮花寺池

ナツツバキ

ツバキ科

山地に生える、落葉高木。樹高は10〜15m。樹幹は灰赤褐色で、薄くはがれる。葉は互生し、葉身は長楕円形で、長さ5〜10cm、鋸歯があり、基部は鋭形、先端は鋭尖頭。花は7月、白色で、径5〜6cm。花弁は5個、縁に細かい鋸歯がある。果実は稜のある卵形。種子は卵形で扁平。庭園樹として植栽される。別名シャラノキ。

- 県内・伊豆を除く、各地の山地に分布する。 • 国内・本州、四国、九州 • 写真・御殿場市箱根外輪山

ヒメシャラ

ツバキ科

山地に生える、落葉高木。樹高は15mに達する。樹幹は淡赤褐色で、薄くはがれる。枝は赤褐色。葉は互生し、葉身は長楕円形で、長さ3〜8cm、鋸歯があり、基部はくさび形で、先端は鋭尖頭。花は7〜8月、白色で、径1.5〜2cm。花弁は5個。果実は稜のある楕円形。種子は長楕円形で広い翼がある。ヒコサンヒメシャラは、枝が暗褐色で、花は径3.5〜4cmと大きい。

- 県内・各地の山地に分布する。 • 国内・本州、四国、九州 • 写真・熱海市日金山

モッコク

ツバキ(モッコク)科

山地に生える、常緑高木。樹高は10m以上になる。全体無毛。葉は革質で互生し、葉身は楕円形で、長さ4～6cm、全縁、基部はくさび形、先端は円い。花は6月、下向きにつく。径1.5cm、白色で後に帯黄色になる。花弁は5個で平開する。果実は球形で、径1～1.5cm。熟すと裂開し、赤色の種子を出す。庭園や公園に植栽される。

• 県内・各地の山地に分布する。東部は少ない。 • 国内・本州、四国、九州、琉球 • 写真・掛川市小笠山

ヒサカキ

ツバキ(サカキ)科

山地に生える、常緑小高木。雌雄異株。樹皮は灰褐色。樹高は4～7m。葉は互生し、葉身は楕円形で、長さ3～8cm、鋸歯があり、基部はくさび形、先端は尖り鈍頭。花は3～4月、葉腋につき、つぼ形で黄白色、径2.5～5mm。萼片と花弁は5個、雄花のおしべは10～15個、雌花の雌しべは1個、強い香りがある。果実は球形で、径5mm内外、紫黒色に熟す。神事などに用いる。和名はサカキに比べ小形なことに由来する。

• 県内・各地の山地に分布する。 • 国内・本州、四国、九州、琉球、小笠原 • 写真・浜松市尉ヶ峰

ハマヒサカキ

ツバキ(サカキ)科

平地から市街地に生える、常緑低木。雌雄異株。樹高は1.5〜4m。葉は互生し、表面に光沢があり、密につく。葉身は倒卵形で、長さ2〜4cm、縁は裏面に巻き込む。鋸歯があり、先端は円形。花は10〜12月、葉腋に数個の花が束生する。淡緑白色で広鐘形、径約4mm。果実は球形で、径約5mm、黒紫色に熟す。西南日本原産、県内の分布は逸出である。公園などに広く植栽される。

• 県内・各地の平地から市街地に逸出する。 • 国内・本州、四国、九州、琉球 • 写真・掛川市市内

サカキ

ツバキ(サカキ)科

山地に生える、常緑小高木。樹皮は灰褐色。樹高は8〜10m。葉は互生し、革質で厚い。枝の先端の芽は弓のように曲がる。葉身は長楕円形で、長さ5〜10cm、全縁で、基部は鋭形、先端は鈍頭または円頭。花は6〜7月、葉腋に径約1.5cmの花を1〜4個、下向きに開く、花弁は5個、白色で後に黄色を帯びる。果実は球形で、径4〜8mm。黒色に熟す。神事に用いるので、神社などに植栽される。和名は栄樹(サカキ)で、1年中葉が緑色なのでつけられた。

• 県内・各地の山地に分布する。 • 国内・本州、四国、九州 • 写真・浜松市浜北森林公園

キンシバイ

オトギリソウ科

市街地から低地に生える、常緑低木。樹高は1mほどになる。枝は垂れ下がる。葉は対生し、葉身は卵状楕円形で、長さ2〜4cm。油点がある。全縁で、先は鈍端、微凸端。花は6〜8月、黄色で、径3〜4cm。花弁は5個、雄しべは多数、5束に分かれてつく。果実は卵形で、長さ約1cm。中国原産、県内の分布は逸出である。庭園や公園に植栽される。

• 県内・市街地から低地に逸出する。 • 国内・全国各地に逸出する。 • 写真・掛川市粟ヶ岳

マンサク

マンサク科

山地に生える、落葉小高木。樹高は2〜5m。葉は互生し、葉身は菱形状円形で、長さ5〜10cm、基部は左右の形が異なる。鋸歯があり、基部は心形、先端は尖る。花は2〜3月、葉に先だって開く。花弁は4個、黄色で線形、長さ約1cm。萼片は4個、内面は暗赤紫色。果実は卵状球形で、外側に星状毛が密生する。径1cmほどで、熟すと裂開する。種子は黒色で光沢がある。

• 県内・各地の山地に分布する。 • 国内・本州、四国、九州 • 写真・浜松市乎那の峰

イスノキ

マンサク科

低地に生える、常緑小高木。樹高は8～10m。葉は互生し、革質。葉身は倒卵形で、長さ5～8cm、全縁ときに鋸歯が出る。基部はくさび形、先端は鈍頭。虫えいで葉がふくらむ。花は3～5月、葉腋に花穂を出し、上部に両性花、下部に雄花をつける。葯は紅色。広卵形で、灰白色の毛が密生する。果実は長さ約10mm。大きな虫えいを笛にする。別名ヒョンノキは笛の音に由来する。

• 県内·東部を除く、低地に分布するが少ない。 • 国内·本州、四国、九州、琉球 • 写真·袋井市法多山

バイカウツギ

ユキノシタ(アジサイ)科

山地に生える、落葉低木。樹高は2mほどになる。葉は対生し、葉身は広卵形で、長さ5～10cm、鋸歯があり、基部はくさび形、先端は鋭尖頭。3～6本の葉脈が目立つ。花は6月、白色で、径2.5～3cm。枝先に数個つく。花弁は4個、果実は倒円錐形で、径7～8mm。和名は花がウメの花に似ることに由来する。ウメウツギは、花弁が5個で、花は径約3cm、下向きに半開する。

• 県内·山地に分布するが少ない。 • 国内·本州、四国、九州 • 写真·浜松市水窪

ウツギ

ユキノシタ(アジサイ)科

山地に生える、落葉低木。樹高は2〜4m。葉は対生し、葉身は楕円形で、長さ5〜10cm、鋸歯があり、基部は円形、先端は鋭尖頭。星状毛がありざらつく。花は6〜7月、枝先に、白色で鐘形、径約1cmの花を多数つける。花弁、萼片は5個。果実は椀状で、径4〜6mm。和名は幹が中空なことに由来する。別名ウノハナ。

- 県内・各地の山地に分布する。 • 国内・北海道、本州、四国、九州 • 写真・掛川市市内

マルバウツギ

ユキノシタ(アジサイ)科

山地に生える、落葉低木。樹高は約1.5m。葉に星状毛がありざらつく。葉は対生し、葉身は卵状円形で、長さ3〜6cm、鋸歯があり、基部は円形または心形、先端は尖る。花は4月、枝先に白色で鐘形、径約1cmの花を多数つける。花弁と萼片は5個。果実は椀形で径約3mm、星状毛が密生する。ウツギとは葉に柄がなく、茎を抱くので区別できる。和名はウツギに比べ、葉が円いことに由来する。

- 県内・各地の山地に分布する。 • 国内・本州、四国、九州 • 写真・牧之原市牧之原

ヒメウツギ

ユキノシタ(アジサイ)科

山地に生える、落葉低木。樹高は1〜1.5m。葉身は楕円状披針形で、長さ4〜8cm、鋸歯があり、基部はくさび形、先端は鋭尖頭。葉に星状毛はほとんどない。花は4〜5月、枝先に、白色で鐘形、径約1.5cmの花をつける。花弁と萼片は5個。果実は椀形で、径3〜4mm。ウツギに比べると、葉は鮮緑色で、ざらつきが少ない。

• 県内・各地の山地に分布する。 • 国内・本州、四国、九州 • 写真・浜松市水窪

バイカアマチャ

ユキノシタ(アジサイ)科

山地に生える、落葉低木。樹高は1〜1.5m。葉は対生し、葉身は長楕円形で、長さ10〜20cm、鋸歯があり、基部はくさび形、長鋭尖頭。花は7〜8月、装飾花は3〜4浅裂するか全縁、楯状円形で径1〜2cm。両性花は白色で、径2cm前後。果実は円錐形で、長さ約1cm。和名は全形がアマチャに似て、花がウメを連想させることに由来する。静岡県は東限自生地。

• 県内・西部各地の山地に分布する。 • 国内・本州、四国、九州 • 写真・浜松市水窪

ガクアジサイ

ユキノシタ(アジサイ)科

沿海地に生える、落葉または半常緑低木。樹高は2〜3m。葉は光沢があり厚い。葉は対生し、葉身は長楕円形で、長さ10〜15cm、鋸歯があり、基部はくさび形、先端は尖る。花は6〜7月、装飾花は花序の周りにつき、白色で淡紅色や紫色を帯び、径3〜4cm。両性花は淡青紫色、円錐形で結実する。果実は楕円形で、長さ6〜9mm。多くの園芸品種があり植栽される。アジサイの母種。

- 県内・伊豆各地の沿海地に分布する。西部にまれにある
- 国内・本州、伊豆諸島、小笠原
- 写真・伊東市城ヶ崎海岸

ヤマアジサイ

ユキノシタ(アジサイ)科

山地に生える、落葉低木。樹高は1〜2m。葉は対生し、葉身は楕円形で、長さ10〜15cm、鋸歯があり、基部はくさび形、先端は鋭頭。花は6〜7月、花は白色または、淡紫色、淡紅色など多様である。装飾花は径1.5〜3cm。両性花は倒円錐形、花筒は長さ約1.5mm、結実する。果実は楕円形で、長さ3〜4mm。和名は生育場所に由来する。別名サワアジサイ。

- 県内・各地の山地に分布する。伊豆にまれにある。
- 国内・本州、四国、九州
- 写真・浜松市浜北

アマギアマチャ

ユキノシタ(アジサイ)科

山地に生える、落葉低木。樹高は1～2m。葉は対生し、葉身は小形で披針形、長さ10cm以下、鋸歯があり、基部はくさび形で鋭尖頭。花は6～7月、装飾花は白色で、径2cm。両性花も白色。ヤマアジサイに比べ、葉は小さく、長楕円形で、先端が尾状に長く尖る。甘みが強く、甘茶の材料になる。天城山の語源になる。

• 県内・伊豆各地の山地に分布する。 • 国内・本州(伊豆) • 写真・伊豆市天城山

ガクウツギ

ユキノシタ(アジサイ)科

山地に生える、落葉低木。樹高は1～1.5m。葉は緑色で、藍色の金属光沢がある。葉は対生し、葉身は長楕円状披針形で、長さ5～7cm、鋸歯があり、基部はくさび形で鋭尖頭。花は5～6月、装飾花は白色、径2.5～3cm。両性花は淡黄緑色、径約5mm、花筒は杯状、花弁は倒卵形で先は円形。果実は球形で、径2.5mm。別名コンテリギは葉の金属光沢に由来する。

• 県内・伊豆を除く、山地の各地に分布する。 • 国内・本州、四国、九州 • 写真・牧之原市牧之原

コガクウツギ

ユキノシタ(アジサイ)科

山地に生える、落葉低木。樹高は1～1.5m。葉は対生し、葉身は狭長楕円形で、長さ3～5cm、鋸歯があり、基部はくさび形で鋭頭。花は6～7月、装飾花は白色、両性花は淡黄緑色、径約8mm、花筒は杯状、花弁は倒披針形で先は鋭頭。果実は卵形で、径2.5～3mm。ガクウツギに似るが、小形で、小枝が紅紫色を帯びる。両性花はやや大きく、花弁の形が異なる。伊豆は分布の東限自生地。

• 県内・伊豆各地の山地に分布する。 • 国内・本州、四国、九州 • 写真・伊豆市中伊豆

コアジサイ

ユキノシタ(アジサイ)科

山地に生える、落葉低木。樹高は1～1.5m。葉は対生し、葉身は卵形で、長さ5～10cm、鋸歯があり、基部は広いくさび形、先端は鋭尖形。花は6～7月、枝先に多数の花をつける。装飾花がなく、すべて両性花、淡青紫色、萼片と花弁は5個で、平開する、長さ1.5mm。果実は始め淡青紫色で、後に褐色に熟し、円形で萼と花柱が残り、径約2mm。和名は小さいアジサイのことである。

• 県内・各地の山地に分布する。 • 国内・本州、四国、九州 • 写真・富士宮市朝霧高原

タマアジサイ

ユキノシタ(アジサイ)科

山地に生える、落葉低木。樹高は1.5～2m。樹皮は縦に裂けはがれる。葉は対生し、毛がありざらつく。葉身は広卵円形で、長さ10～20cm、鋸歯があり、基部は、くさび形、先端は尖る。花は8～9月、花は始め総苞に包まれ、球形、径約1.5cm。装飾花は径1cm前後。両性花は淡紫色、花筒は半球形で、長さ約1.5～2mm。花弁と萼片は4～5個。果実は球形で花柱が残り、径3.5mm。和名は花の集まりが始め球形なことに由来する。

• 県内・各地の山地に分布する。 • 国内・本州(東北から中部) • 写真・掛川市小笠山

ノリウツギ

ユキノシタ(アジサイ)科

山地に生える、落葉低木。樹高は2～4m。葉は対生し、希に3輪生、葉身は広楕円形、長さ5～10cm、鋸歯があり、基部はくさび形で、鋭尖頭。花は7～8月、装飾花は径1～3cm、白色でときに紫色を帯びる。両性花は鐘形で、長さ約1.5mm。果実は楕円形で径約3.5mm。和名は和紙をすくとき、糊に使うことに由来する。別名ノリノキ。

• 県内・各地の山地に分布する。 • 国内・北海道、本州、四国、九州 • 写真・牧之原市牧之原

ツルアジサイ

ユキノシタ(アジサイ)科

山地に生える、落葉つる性木本。樹皮は褐色で、薄くはがれる。つるは15mに達し、気根で木や岩上をよじ登る。葉は対生し、葉身は広卵形、長さ5～10cm、鋸歯があり、基部は切形、先端は尖る。花は6～7月、装飾花は白色、後に赤味を帯びる。径2～4cm。両性花は円錐形で、長さ約2mm、萼片は5個。果実は球形、径約3.5mm。別名ゴトウヅル、ツルデマリ。

• 県内・各地の山地に分布する。 • 国内・北海道、本州、四国、九州 • 写真・静岡市梅ヶ島

ヤシャビシャク

ユキノシタ(スグリ)科

山地の樹上に生える、落葉低木。雌雄異株。樹高は30～50cm。葉は短毛がある。葉は互生または、短枝に束生する。葉身は円腎形で、長さ径3～5cm、掌状に3～5裂する。欠刻状の鋸歯があり、基部は心形。花は5月、短枝の葉腋に1～2個つき、淡緑白色で、筒状広鐘形、径1～1.5cm。果実は球形で腺毛が密生する。長さ7～12mm、緑色に熟す。絶滅危惧種(県)。

• 県内・山地にまれにある。 • 国内・本州、四国、九州 • 写真・愛鷹山

コマガタケスグリ

ユキノシタ(スグリ)科

山地に生える、落葉低木。樹高は1.5〜2m。葉は互生し、葉身は腎円形で、長さ7〜15cm、基部は心形、掌状に5〜7残裂し鋸歯がある、先端は尖る。両面に短毛がある。花は6〜7月、短枝に10〜20cmの花穂を出し、黄緑色で、径約8〜9mmの小さな花を多数つける。果実は球形で、径約8mm。赤黒色に熟す。和名は最初の記録地、木曽駒ヶ岳の地名がつけられている。

- 県内·中部と西部の山地に分布するが少ない。 • 国内·北海道、本州、四国 • 写真·静岡市井川

トベラ

トベラ科

沿海地に生える、常緑低木。雌雄異株。樹高は2〜3m。葉は革質で、光沢があり、縁は裏側に巻き込む。葉は互生し、葉身は狭卵形で、長さ5〜10cm、全縁で、基部は鋭形、先端は円形。花は4〜5月、枝先に多数の花をつける。始め白色で、後に黄色になる。花弁は5個、芳香がある。果実は球形で、径1〜1.5cm、灰褐色に熟す。3つに裂け、赤橙色の粘液に包まれた種子を出す。庭園や公園に植栽される。高速道路の中央分離帯にも使われる。

- 県内·各地の沿海地に分布する。 • 国内·本州、四国、九州、琉球 • 写真·浜松市浜北森林公園

コゴメウツギ

バラ科

山地に生える、落葉低木。樹高は2.5mほどになる。葉は互生し、葉身は三角状広卵形。長さ2～5cm、羽状に中裂または浅裂する。基部は心形、先端は尾状にのびて尖る。花は4～5月、枝の先や葉腋に多数の花をつける。黄白色で、径4～5mm。花弁は5個、雄しべは10個。果実は球形で、長さ約2.5mm。和名は小さな白花を小米（くだけた米）に見立てた。

• 県内・各地の山地に分布する。 • 国内・北海道、本州、四国、九州 • 写真・裾野市東臼塚

カナウツギ

バラ科

山地に生える、落葉低木。樹高は1～2m。枝は細くジグザグ状に曲る。葉は互生し、葉身は卵形。長さ5～10cm、3～5浅裂する。欠刻状の鋸歯がある。基部は心形、先端は尾状にのびて尖る。花は5～6月、枝の先に小さな白色の花を多数つける。花弁は5個、雄しべは約20個、径約5mm。果実は楕円形で、長さ約2.5mm。コゴメウツギに比べ、葉はやや大きく、切れ込みが浅く、雄しべは約20本と多い。

• 県内・東部各地の山地に分布する。中部にまれにある。 • 国内・本州（北陸、関東、中部） • 写真・富士宮市朝霧高原

シモツケ

バラ科

山地に生える、落葉低木。樹高は1～1.5m。葉表は無毛か少し毛があり、葉裏は白色または淡黄色の毛が多い。葉は互生し、葉身は狭卵形。長さ5～8cm、鋸歯があり、基部はくさび形、先端は鋭頭。花は7～8月、枝先に濃紅色で、径約5mmの花を多数つける。花弁は5個。果実はほぼ球形、長さ2～3mm。和名は下野の国（栃木県）で最初に記録されたことに由来する。

• 県内・各地の山地に分布する。 • 国内・本州、四国、九州 • 写真・愛鷹山

イワシモツケ

バラ科

山地に生える、落葉低木。樹高は1～2m。葉は互生し、葉身は広楕円形から楕円形、長さ1～4cm、鋸歯があり、基部は切形から円形、先端は円頭から鈍頭。葉裏は灰白色を帯びる。花は6～7月、枝先に白色で、径約6mmの花を多数つける。花弁は5個。果実はほぼ球形で、長さ3～4mm。和名は岩の上や間に生えることに由来する。

• 県内・伊豆を除く、山地に分布するが少ない。 • 国内・本州（近畿以東） • 写真・富士山富士宮口

ユキヤナギ

バラ科

山地の川沿いの岩上などに生える、落葉低木。樹高は1～2m。葉は互生し、葉身は披針形で、長さ2～4cm、鋸歯があり、基部はくさび形で鋭頭。花は4月、白色で、径約8mm。3～7個が集まり、枝に連続して並び、全体が穂状になる。穂の先端は斜上して曲がる。花弁は5個、果実はほぼ球形で長さ約3mm。県内山地の河川沿いに自生するが、庭園などにも広く植栽される。和名は枝がヤナギのように垂れ、花が雪のように集り、咲くことに由来する。別名コゴメバナ。

• 県内・中部と西部各地の山地に分布する。 • 国内・本州、四国、九州 • 写真・浜松市佐久間

ズミ

バラ科

山地に生える、落葉小高木。樹高は10mほどになる。葉は互生し、葉身は楕円形から、3～5中裂するのまであり多形。長さ3～10cm、鋸歯があり、先端は鋭頭。花は4～5月、白色で径2～3cm、つぼみは紅色を帯びる。花弁は5個、果実は球形で、径6～10mm、赤色に熟す。和名はそみ（染み）の転化で、染料に用いることに由来する。別名コリンゴ、コナシは、実の形からつけられた。

• 県内・各地の山地に分布する。 • 国内・北海道、本州、四国、九州 • 写真・浜松市奈良代山

アズキナシ

バラ科

山地に生える、落葉高木。樹高は10～15m。樹皮は紫黒色で、白色の皮目が目立つ。葉は互生し、葉身は楕円形、長さ5～10cm、重鋸歯があり、鋭尖頭、側脈は8～10対。花は5～6月、白色で、径約1.5cm。花弁は5個。果実は長楕円形で、径7～10mm、赤色に熟す。和名は果実が小豆形をした、梨の仲間なので名付けられた。別名ハカリノメは、枝にある皮目を秤の目に見立てた。

• 県内・伊豆を除く、各地の山地に分布する。 • 国内・北海道、本州、四国、九州 • 写真・浜松市水窪

ナナカマド

バラ科

山地に生える、落葉高木。樹高は10m以上になる。葉は互生し、葉身は奇数羽状複葉で、小葉は5～7対。長楕円形で、長さ5～8cm。鋸歯があり、基部はくさび形で、鋭尖頭。花は6～7月、枝の先に多数つき、白色で、径7～10mm。花弁は5個。果実は球形で、径約6mm、赤色に熟す。紅葉が美しい。和名は材をかまどで7回燃やしても、燃え残ることに由来する。

• 県内・伊豆を除く、各地の山地に分布する。 • 国内・北海道、本州、四国、九州 • 写真・静岡市八紘嶺

カナメモチ

バラ科

低地に生える、常緑小高木。樹高は5mほどになる。葉は互生し、葉身は長楕円形、長さ5～10cm、鋸歯があり、基部はくさび形で、鋭尖頭。若葉は紅色を帯びる。花は5～6月、枝先に白色で、紅色を帯びた花を多数つける。径約8mm。花弁は5個。果実は卵形で、長さ約5mm、赤色に熟す。県内には自生と逸出がある。葉に赤味の強い園芸品種が庭園や垣根、高速道路沿いなどに植栽される。和名は赤目(アカメ)が転化した。別名アカメモチ。静岡県は分布の東限自生地。

- 県内･西部は自生と逸出、他の地域は逸出である。自生は少ない。
- 国内･本州、四国、九州
- 写真･掛川市市内

カマツカ

バラ科

山地に生える、落葉小高木。樹高は5mほどになる。葉は互生し、葉身は倒卵状楕円形、長さ4～10cm、鋸歯があり、基部はくさび形で、鋭尖頭。花は4～5月、白色で径約10mm。花弁は5個。果実は卵形で、径8～10mm、赤色に熟す。和名は鎌の柄に用いたのでつけられた。別名ウシコロシは、牛の鼻輪に利用したことに由来する。葉の毛の様子などから、ケナシカマツカ、ウスゲカマツカ、ワタゲカマツカを区分する。

- 県内･各地の山地に分布する。
- 国内･北海道、本州、四国、九州
- 写真･浜松市天竜

ザイフリボク

バラ科

山地に生える、落葉小高木。樹高は10mほどになる。若い時期は枝、葉などに白色の軟毛があり、後に脱落する。葉は互生し、葉身は楕円形で、長さ5～9cm、鋸歯があり、基部は鈍形で、鋭頭。花は4～5月、枝先に白色の花を多数つける。花弁は5個、線形で長さ10～15mm。果実は球形で、径6～10mm、紫黒色に熟す。和名は采振木（ザイフリボク）で、花穂の様子を采配に例えた。別名シデザクラ。

• 県内・中部と西部各地の山地に分布する。 • 国内・本州、四国、九州 • 写真・掛川市小笠山

マルバシャリンバイ

バラ科

海岸に生える、常緑低木。樹高は1～2m。葉は互生し、光沢がある。葉身は楕円形で、葉の先端に集まり、輪生状になる。長さ5～10cm、全縁で縁は裏面に巻き込む。基部は鈍形で、円頭。花は5～6月、枝先に白色の花を多数つける。径1～1.5cm、花弁は5個。果実は球形で、径約1cm、黒紫色に熟す。最近、同名で小形の別の園芸種が、道路の中央分離帯などに植栽される。別名シャリンバイ。

• 県内・伊豆は各地の海岸に分布する。他の地域は少ない。 • 国内・本州、四国、九州 • 写真・伊東市城ヶ崎海岸

タチシャリンバイ

バラ科

平地に生える、常緑低木。樹高は1～4m。葉は互生し、葉身は長楕円形で、長さ5～10cm、鋸歯が目立つ。基部は広いさび形で鈍頭。花は5～6月、白色で径1～1.5cm。花弁は5個。果実は球形で、径約1cmで、黒紫色に熟す。マルバシャリンバイとは、葉の光沢が鈍く、葉の幅が狭く、鋸歯が目立つので区別できる。保全対策では、両者を区別して扱う必要がある。西南日本原産、シャリンバイの名で公園などに広く植えられ、各地で逸出が見られるようになった。自生地では、樹皮を大島紬の染料にする。

• 県内・各地の平地に逸出する。 • 国内・本州、四国、九州、琉球、小笠原 • 写真・御前崎市御前崎

クサボケ

バラ科

低地から山地の原野に生える、落葉低木。樹高は50～100cm。刺がある。葉は互生し、葉身は倒卵形で、長さ3～5cm、鋸歯があり、基部はくさび形で円頭。花は4～5月、葉より先に花が開く。単生または、2～4個が束生する。花弁は5個で、朱紅色。果実は球形で、径2～3cm、黄色に熟す。酸味があるが、果実酒などに用いる。和名はボケの仲間で、小形なので草と名付けた。

• 県内・各地の低地から山地に分布する。 • 国内・本州、九州 • 写真・熱海市玄岳

ヤマブキ

バラ科

山地の湿った場所に生える、落葉低木。樹高は1〜2m。葉は互生し、葉身は狭卵形で、長さ5〜7cm、鋸歯があり、基部は円形、先端は長鋭尖頭。花は4〜5月、側枝の先端につき、黄色で径3〜5cm、平開する。花弁は5個。果実は広楕円形で、長さ4〜4.5mm、茶褐色に熟す。ヤエヤマブキは重花弁で、結実しない。庭園や公園に植栽される。

• 県内・各地の山地に分布する。 • 国内・北海道、本州、四国、九州 • 写真・焼津市高草山

フユイチゴ

バラ科

山地に生える、常緑つる性低木。樹高は20〜30cm。地上をはう茎は、所々で根を下ろす。茎は褐色の毛が密生し、刺が散生する。葉は互生し、葉身は円心形で、長さ5〜10cm、鋸歯があり、5浅裂。基部は心形で、円頭。花は9〜10月、葉腋から枝を出し、5〜10個の白色の花をつける。径7〜10mm。花弁は5個。果実は球形で、径約1cm、赤色に熟し、食べられる。別名カンイチゴ。ミヤマフユイチゴは、茎は無毛、葉は広卵形で、鋭尖頭。和名は冬に実が熟すことに由来する。

• 県内・各地の山地に分布する。 • 国内・本州、四国、九州 • 写真・掛川市小笠山

クマイチゴ

バラ科

山地に生える、落葉低木。樹高は1～2m。鉤形の刺が多い。葉は互生し、葉身は広卵形で、長さ6～10cm、3～5浅裂する。鋸歯があり、基部は切形で、鋭尖頭。花は5～7月、枝先に2～6個つき、白色で径1～1.5cm、花弁は5個。果実は球形で、径約1cm、赤色に熟し、食べられる。ビロードイチゴは全体に毛が密生する。和名はクマの食べるイチゴの意味である。

• 県内・各地の山地に分布する。 • 国内・北海道、本州、四国、九州 • 写真・掛川市小笠山

クサイチゴ

バラ科

低地から山地に生える、落葉低木。樹高は20～60cm。葉は軟毛を密生し、腺毛が混ざる。葉は互生し、奇数羽状複葉で、小葉は3～5個、卵状披針形で、長さ3～6cm、鋸歯があり、基部は鈍形で、鋭尖頭。花は4～5月、枝の先に1～2個つき、白色で、径約4cm。花弁は5個。果実は球形で、径約1cm、赤色に熟し、食べられる。

• 県内・各地の低地から山地に分布する。 • 国内・本州、四国、九州 • 写真・掛川市粟ヶ岳

バライチゴ

バラ科

山地に生える、落葉低木。樹高は20〜50cm。無毛で、鉤状の刺があり、腺点はない。葉は互生し、奇数羽状複葉で、小葉は2〜3対。披針形で、長さ3〜8cm。鋭い重鋸歯があり、基部はやや円く、鋭尖頭。花は6〜7月、枝の先に1個つき、白色で、径約3cm。花弁は5個。果実は球形で、径約1.5cm、赤色に熟す。和名はバラのように、鋭い刺があることに由来する。

- 県内・各地の山地に分布する。 • 国内・本州、四国、九州 • 写真・裾野市東臼塚

ヒメバライチゴ

バラ科

山地に生える、落葉低木。樹高は20〜50cm。茎に細い刺がまばらにある。葉は互生し、奇数羽状複葉で、小葉は2〜10対。広披針形で、長さ2〜3cm、重鋸歯があり、基部は円形で鋭尖頭。葉の上面に軟毛、下面に球状で黄色の腺点と短毛がある。花は5月、枝の先に1個つき、白色で、径約3cm。花弁は5個。果実は球形で、赤色に熟す。バライチゴとは、花期が早く、全体に腺点があるので、区別できる。

- 県内・伊豆と西部各地の山地に分布する。他の地域は少ない。 • 国内・本州、四国、九州 • 写真・掛川市大尾山

ニガイチゴ

バラ科

低地から山地に生える、落葉低木。樹高は1～2m。茎に刺が多い。葉は互生し、葉身は広円形で、ときに3浅裂。長さ3～5cm、鋸歯があり、基部は心形で鋭尖頭。花は4～5月、枝の先に1個つき、白色で、径1～1.5cm。花弁は5個。果実は球形で、径約1cm、赤色に熟す。モミジイチゴは果実が橙黄色に熟す。和名は果実に苦味があることに由来する。

- 県内・各地の低地から山地に分布する。 ● 国内・本州、四国、九州 ● 写真・浜松市水窪

ナワシロイチゴ

バラ科

平地から低地に生える、落葉低木。直立茎は高さ約30cm。ほふく茎は地上をはい、長さ1mほどになる。茎に刺がある。葉は互生し、3～5小葉の羽状複葉。小葉は菱形状卵形、1～2裂し、長さ2～5cm、鋸歯があり、基部はくさび形で、円頭。裏面は白色の細毛に覆われる。花は5～6月、枝先や葉腋に、淡紅紫色の花を多数つける。花弁は5個、果実は球形で、径12～15mm、6月ごろに赤色に熟し、食べられる。和名は苗代の頃に、実が熟すことに由来する。別名サツキイチゴ。

- 県内・各地の平地から低地に分布する。 ● 国内・北海道、本州、四国、九州、琉球 ● 写真・掛川市市内

モミジイチゴ

バラ科

低地から山地に生える、落葉低木。茎は高さ2mほどになる。多数の刺がある。葉は互生し、葉身は広卵形で掌状に3～5裂する。長さ3～5cm。縁に欠刻と鋸歯があり、鋭尖頭。花は3～5月、枝先に1個つき、白色で、径約3cm、下向きに開く。花弁は5個。果実は球形で、径1～1.5cm、橙黄色に熟し、食べられる。別名キイチゴ。ナガバモミジイチゴは、葉は狭卵形、単葉または3浅裂。和名は葉形が、モミジに似ることに由来する。

• 県内・各地の低地から山地に分布する。 • 国内・本州、四国、九州 • 写真・掛川市小笠山

コジキイチゴ

バラ科

山地に生える、落葉低木。樹高は1～1.5m。茎は刺があり、暗赤色の腺毛を密生する。奇数羽状複葉で小葉は2～3対。披針形、長さ3～6cm。縁に鋸歯があり、基部は円形で、鋭尖頭。花は5～6月、白色で、葉腋から出る枝の先に数個つき、径約2cm。花弁は5個。果実は長楕円形で、長さ約1cm、黄色に熟す。

• 県内・各地の山地に分布する。 • 国内・本州、四国、九州 • 写真・浜松市佐久間

カジイチゴ

バラ科

沿海地に生える、落葉低木。樹高は2〜3m。葉は互生し、葉身は卵円形で、掌状に5〜7裂し、長さ10〜20cm、鋸歯があり、基部は心形、先端は鋭頭。花は3〜5月、3〜5個が側生する枝につき、白色で、径3〜4cm。花弁は5個。果実は球形で、径約1.5cm、橙黄色に熟し、食べられる。和名は葉がクワ科のカジノキの葉に似ていることに由来する。庭園などに植栽される。

• 県内･各地の沿海地に分布する。 • 国内･本州、四国、九州 • 写真･伊東市城ヶ崎海岸

サンショウバラ

バラ科

山地に生える、落葉小高木。樹高は1〜6m。枝に多数の刺がある。葉は互生し、奇数羽状複葉で、小葉は4〜9対、長楕円形で、長さ1〜3cm、縁に鋸歯があり、先は尖る。花は6月、枝先に1個つく、淡紅色で、径5〜6cm。花弁は5個。果実は球形で、径約3cm。全面に硬い刺がある。和名は葉がサンショウの葉に似ていることに由来する。富士箱根地域の固有種。絶滅危惧植物（国）

• 県内･伊豆と東部各地の山地に分布する。 • 国内･本州（富士箱根地域） • 写真･函南町函南原生林

ノイバラ

バラ科

平地から低地の河岸や原野に生える、落葉低木。樹木などによじ登り、樹高は2mほどになる。枝には鋭い刺がある。葉は互生し、奇数羽状複葉で、托葉は深く裂ける。葉裏と羽軸に軟毛がある。小葉は3〜4対、楕円形で、長さ2〜4cm、鋸歯があり、鋭頭。花は5〜6月、枝先に多数の花をつける。白色で、径約2cm。花弁は5個。果実は球形で、径約7mm、赤色に熟す。葉に軟毛があり、托葉が細かく裂けるので、類似種と区別できる。別名ノバラ。

• 県内・各地の平地から低地に分布する。 • 国内・北海道、本州、四国、九州 • 写真・清水町柿田川

テリハノイバラ

バラ科

海岸から山地の河岸、山野に生える、ほふく性落葉低木。主幹は地表をはい、側枝は直立する。枝に鋭い刺がある。葉は互生し、無毛で光沢がある。奇数羽状複葉で托葉は幅が広く、深く裂けない。小葉は3〜4対、楕円形で、長さ1〜2cm、縁に腺状の鋸歯があり、鈍頭または円頭。花は6〜7月、枝先に数個の花をつける。白色で、径3〜3.5cm。花弁は5個。果実は球形で、径約8〜10mm、赤色に熟す。

• 県内・各地の平地から山地に分布する。 • 国内・本州、四国、九州、琉球 • 写真・富士市富士川河原

フジイバラ

バラ科

山地に生える、落葉低木。樹高は2mほどになる。枝は密に分岐し、鋭い刺がある。奇数羽状複葉で托葉はやや全縁で腺毛がある。小葉2〜4対、広楕円形で、長さ1〜2cm、鋸歯があり、鋭頭。花は5〜6月、枝先に1〜数個の花をつける。白色で、径約2.5〜3cm。花弁は5個。果実は球形で、径約1cm、赤色に熟す。和名は最初の記録地、富士山の名がつけられている。類似種に比べると、茎は密生し分岐が多く、刺は著しい。

- 県内・西部を除く、各地の山地に分布する。中部は少ない。 • 国内・本州、四国 • 写真・富士宮市朝霧高原

オオフジイバラ

バラ科

低地から山地に生える、落葉低木。樹木などによじ登り、樹高は2mほどになる。枝は分岐し、鋭い刺がある。奇数羽状複葉で小葉は2〜3対。托葉はやや全縁で腺毛がある。小葉は卵状楕円形で、長さ2〜4cm、縁に鋸歯があり、鋭尖頭。花は5〜6月、枝先に1〜数個の花をつける。白色で、径2〜2.5cm。花弁は5個。果実は球形で、径7〜8mm、赤色に熟す。フジイバラに似るが小葉は大きく、形が異なる。別名ヤマテリハノイバラ。

- 県内・各地の低地から山地に分布する。 • 国内・本州(関東、中部) • 写真・川根本町蕎麦粒山

エドヒガン

バラ科

山地に生える、落葉高木。樹高は20mほどになる。樹皮は暗灰褐色、皮目が点在する。葉には軟毛がある。葉は互生し、葉身は長楕円形で、長さ6〜12cm、鋸歯があり、鋭尖頭。花は3月下旬〜4月上旬、数個が集まり、葉より先に開く。淡紅色で、径1.5〜2cm。萼や花柱に毛がある。花弁は5個。果実は球形で、径約1cm、黒色に熟す。多くの園芸品種があり植栽される。別名ウバヒガン。

• 県内・各地の山地に分布する。 • 国内・本州、四国、九州 • 写真・富士宮市猪之頭

ヤマザクラ

バラ科

山地に生える、落葉高木。樹高は15〜25m。樹皮は紫褐色で平滑、皮目が目立つ。若葉は赤味を帯び、葉裏は白緑色。葉は互生し、葉身は長楕円形で、長さ8〜12cm、鋸歯があり、鋭尖頭。花は4月上旬、側枝に1〜3個が集まり、葉と同時に開く。淡紅色で、径3〜3.5cm。花弁は5個。果実は球形で、径約1cm、黒紫色に熟す。多くの園芸品種があり植栽される。樹皮や材は細工物に用いる。

• 県内・各地の山地に分布する。 • 国内・本州、四国、九州 • 写真・富士宮市内野

カスミザクラ

バラ科

山地に生える、落葉高木。樹高は20mほどになる。樹皮は紫褐色で平滑、皮目が目立つ。若い枝や葉に毛がある。若葉は赤味を帯びない。葉は互生し、葉身は倒卵形で、長さ7～12cm、鋸歯があり、鋭尖頭。花は4月下旬、側枝に1～3個が集まり、葉と同時に開く。白色で、径2～3cm。花弁は5個。果実は球形で、径1cm以下。黒紫色に熟す。ヤマザクラに似ているが花期が遅く、葉には赤味がなく葉面に毛がある。

- 県内・伊豆を除く、各地の山地に分布する。 ● 国内・北海道、本州、四国、九州 ● 写真・川根本町大札山

オオシマザクラ

バラ科

沿海地に生える、落葉高木。樹高は10～15m。樹皮は紫黒色で平滑、皮目が目立つ。若葉は無毛で赤味を帯びない。葉は互生し、葉身は卵状楕円形で、長さ9～12cm、鋸歯があり、鋭尖頭。花は3月下旬～4月上旬、枝の葉腋に3～4個が集まり、葉より少し早く開く。白色で、径4～5cm。花弁は5個。果実は球形で、径1～1.3cm、黒色に熟す。多くの園芸品種があり植栽される。材は細工に、葉は桜餅を包むのに用いる。

- 県内・伊豆の沿海地に自生するが少ない。 ● 国内・本州、伊豆諸島 ● 写真・焼津市高草山(植栽)

マメザクラ

バラ科

山地に生える、落葉小高木。樹高は3〜5m。樹皮は紫褐色で、皮目が点在する。葉は互生し、葉身は卵形で、長さ3〜5cm、重鋸歯があり、先端は尾状に尖る。花は4〜5月、葉腋に1〜2個が集まり、葉と同時かわずかに早く、下向きに開く。白色または淡紅色で、径約2cm、花弁は5個。果実は球形で、径6〜7mm、黒色に熟す。多くの園芸品種があり植栽される。和名は小形のサクラの意味。別名フジザクラは富士山に多いことから名づけられた。

• 県内・伊豆と東部の山地に分布する。 • 国内・本州(関東、中部) • 写真・富士宮市朝霧高原

ウワミズザクラ

バラ科

山地に生える、落葉高木。樹高は10〜15m。樹皮は暗紫褐色、皮目が目立つ。葉は互生し、無毛。葉身は長楕円形で、長さ8〜10cm、鋸歯があり、鋭尖頭。花穂の柄に葉がある。花は5月、長さ8〜10cmの花穂に、多数の花をつける。白色で、径6mm。花弁は5個。果実は卵円形で先が尖り、径約8mm、赤色から黒紫色に熟す。材は建築、細工に用いる。昔は材で占いをした。イヌザクラは花穂の柄に葉がない。

• 県内・各地の山地に分布する。 • 国内・北海道、本州、四国、九州 • 写真・掛川市粟ヶ岳

リンボク

バラ科

山地に生える、常緑小高木。樹高は5～10m。樹皮は黒褐色、老木でははがれ落ちる。葉は互生し、無毛で光沢がある。葉身は狭長楕円形で、長さ7～9cm、刺状の鋸歯があり、老木では全縁で、鋭尖頭。花は10月、葉腋から5～8cmの花穂を出し、多数の花を穂状につける。白色で、径5～6mm。花弁は5個。果実は長楕円形で径8～10mm、先は尖り、黒紫色に熟す。

• 県内・各地の山地に分布する。 • 国内・本州、四国、九州、琉球 • 写真・掛川市市内

ネムノキ

マメ科

平地から低地に生える、落葉高木。樹高は10m以上になる。樹皮は灰褐色で、皮目が目立つ。葉は互生し、2回羽状複葉、羽片は7～12対。長さ20～30cm。小葉は羽軸の両側に並んでつき、15～30対。花は6～7月、10～20個が枝先に集まり開く。花弁は下部が合着し筒状、長さ約10mm。花は淡紅色の雄しべが目立つ。和名は夜間、葉が合わさるのを葉が眠ったと見立てつけられた。花は夕刻に開く、豆果は広線形で長さ10～15mm。別名ネム。

• 県内・各地の平地から低地に分布する。 • 国内・本州、四国、九州、琉球 • 写真・浜松市白倉峡

ジャケツイバラ

マメ科

山地に生える、つる性落葉低木。枝はつる状にのび、鋭い刺がある。葉は互生し、2回羽状複葉、羽片は3～8対。小葉は5～10対、長楕円形、長さ1～2cm。裏面は粉白色。花穂は頂生し長さ20～30cm、花は4～6月、多数の黄色の花をつける。左右相称で、径2.5～3cm。赤色の雄しべが目立つ。花弁は5個。豆果は長楕円形で、長さ約7cm。和名は茎が曲がりくねる様子をへびになぞらえ、刺があるので、イバラの仲間とした。

• 県内・各地の山地に分布する。 • 国内・本州、四国、九州、琉球 • 写真・掛川市小笠山

コマツナギ

マメ科

平地から低地に生える、落葉低木。樹高は60～90cm。多数の枝を分枝し斜上する。葉は互生し、奇数羽状複葉、小葉は4～5対。長楕円形で、長さ1～1.5cm、全縁で円頭、微突起がある。花は7～9月、葉腋から4～10cmの花穂を出し、長さ5mmほどの紅紫色の花をつける。豆果は円筒形で、長さ約3cm、茶褐色に熟す。和名は茎が丈夫なので、馬を繋ぐことが出来るとした。

• 県内・各地の平地から低地に分布する。 • 国内・本州、四国、九州 • 写真・浜松市天竜

キダチコマツナギ

マメ科

平地から低地に生える、落葉低木。樹高は60〜250cm。多数の枝を分枝する。奇数羽状複葉。花は7〜9月、葉腋から花穂を出し、紅紫色の花をつける。豆果は円筒形、コマツナギとは、大形で立ち上がる以外、ほとんど違いはない。中国原産、法面緑化で大量に使われたのが逸出し、各地に広がる。和名はコマツナギの仲間で、樹木状に立ち上がることに由来する。

• 県内・各地の平地から低地に逸出する。 • 国内・日本各地に逸出する。 • 写真・掛川市小笠山

ノダフジ

マメ科

低地から山地に生える、つる性落葉低木。つるは左巻きに、他物に巻きつく。葉は互生し、奇数羽状複葉で、長さ20〜30cm、小葉は5〜9対、狭卵形で、長さ4〜10cm、全縁で基部は円形で鈍端。花は5月、20〜90cmの花穂を出し、藤色で、長さ2〜3cmの花を多数つける。豆果は扁平で、長さ10〜20cm。果皮は厚く、細毛で覆われる。種子は円形で扁平。多くの園芸品種があり植栽される。別名フジ。ヤマフジはつるがノダフジとは逆巻で、小葉は4〜8対、各地に逸出する。

• 県内・各地の低地から山地に分布する。 • 国内・本州、四国、九州 • 写真・掛川市小笠山

ナツフジ

マメ科

山地に生える、落葉つる性低木。つるは左巻きに、他物に巻きつく。葉は互生し、奇数羽状複葉で、長さ10～25cm、小葉は5～7対、卵形で、長さ2～6cm、全縁で先端は鈍頭。花は7～8月、葉腋から10～20cmの花穂を出し、緑白色で、長さ約1.5cmの花を多数つける。豆果は広線形で、長さ10～15cm。果皮は無毛、種子は扁平で円形。別名ドヨウフジ。和名、別名共に花の咲く時期から名付けられた。

• 県内･各地の山地に分布する。 • 国内･本州、四国、九州 • 写真･掛川市市内

ハリエンジュ

マメ科

平地から山地に生える、落葉高木。樹高は15mほどになる。托葉が変化した刺がある。葉は互生し、奇数羽状複葉、葉は長さ15～25cm、小葉は4～9対。狭卵形で、長さ2～5cm、先端は円頭または凹む。花は5～6月、長さ10～15cmの花穂に、白色で長さ約2cmの花を多数つける。豆果は広線形で、長さ5～10cm。果皮は無毛。種子は腎形で4～7個。北米原産、県内の分布は逸出である。別名ニセアカシア。トゲナシハリエンジュは幹に刺がない。

• 県内･各地の平地から山地に逸出する。 • 国内･日本各地に逸出する。 • 写真･掛川市市内

シバハギ

マメ科

低地の道沿いや原野に生える、草本性低木。茎は地上をはい、斜上し1mほどになる。全体に灰白色の伏毛がある。葉は互生し、3出複葉、小葉は倒卵形、長さ1.5〜3cm、基部は鈍頭、先端は円頭または凹む。花は8〜10月、長さ5〜10cmの花穂に、紅紫色で、長さ4〜5mmの花を多数つける。豆果は長方形で、表面に鉤毛が密生する。長さ1〜2cm、4〜5節に分かれる。種子は広楕円形。和名は柴(低木)のハギの意味である。別名クサハギ。

- 県内・低地に分布するが少ない。 ● 国内・本州、四国、九州、琉球 ● 写真・掛川市市内

ツクシハギ

マメ科

山地の林縁や道沿いに生える、落葉低木。茎は高さ1〜2m。葉は互生し、3出複葉。小葉は楕円形で、長さ2〜5cm、全縁で、先端は円頭または凹む。花は7〜9月、花穂は基部の葉より長い。花は紅紫色で花色の薄い部分がある。長さ1〜1.5cm。萼片は円頭から鈍頭、脈は目立たない。豆果は倒卵形で、長さ約5〜7mm。ヤマハギは萼片が鋭頭なので区別できる。

- 県内・中部と西部各地の山地に分布する。伊豆は少ない。 ● 国内・本州、四国、九州 ● 写真・掛川市粟ヶ岳

ヤマハギ

マメ科

山地の林縁や道沿いに生える、落葉低木。茎は高さ1～2m。葉は互生し、3出複葉。小葉は楕円形で、長さ2～5cm、先端は鋭頭または円頭。花は8～10月、花穂は基部の葉より長い。紅紫色で、長さ1～1.5cm。萼片は鋭頭。豆果は楕円形で、長さ約5～7mm。花穂が基部の葉より長く、萼片は尖るのが特徴である。ハギは秋の七草の一つ。

• 県内・各地の山地に分布する。 • 国内・北海道、本州、四国、九州 • 写真・愛鷹山

マルバハギ

マメ科

山地の原野や林縁、道沿いに生える、落葉低木。茎は高さ1～2m。葉は互生し、3出複葉。小葉は楕円形で、長さ2～4cm、先端は凹頭または円頭。花は8～10月、花穂は基部の葉より短い。花は紅紫色で、長さ1～1.5cm。萼片は先端が針状にのびる。豆果は楕円形で、長さ約6～7mm。花穂が基部の葉より短く、萼片は尖るのが特徴である。

• 県内・各地の山地に分布する。 • 全国・本州、四国、九州 • 写真・浜松市渋川

キハギ

マメ科

山地の原野や林縁、道沿いに生える、落葉低木。茎は高さ2～3m。葉は互生し、3出複葉。小葉は長楕円形で、長さ2～4cm、先端は鋭頭。花は7～9月、葉腋から花穂を出し、淡黄色で紫斑がある花をつける。萼片は卵形で鈍頭。豆果は長楕円形で、長さ1～1.5cm。類似種とは、花の色が異なるので区別できる。

• 県内·各地の山地に分布する。 • 国内·本州、四国、九州 • 写真·掛川市小笠山

クズ

マメ科

平地から山地の河川の堤防や林縁、道沿いに生える、つる性半低木。つるは10mに達する。茎に褐色の剛毛がある。葉は互生し、3出複葉。小葉は円状楕円形で、2～3中裂することもある。長さ10～15cm。花は8～9月、花は紅紫色で、長さ約2cm。豆果は狭長楕円形で、長さ6～8cm、褐色の剛毛が密生する。つるの繊維から葛布。根からは澱粉を採り食用にする。葉は牛馬の飼料になる。トキイロクズは、花色が野鳥のトキの羽の色に似る。

• 県内·各地の平地から山地に分布する。 • 国内·北海道·本州、四国、九州 • 写真·浜松市天竜

アカメガシワ

トウダイグサ科

低地から山地に生える、落葉高木。雌雄異株。樹高は10〜15m。樹皮は灰褐色で、縦に浅い裂け目がある。枝、葉に星状毛が密生する。葉は互生し、葉身は広卵形で、長さ10〜20cm、全縁で鋭尖頭。若い葉は3浅裂する。花は6〜7月、枝の先に円錐形の花穂をつけ、多数の花を開く。雄花は黄色で目立つ。雌花は少数。果実は扁球形で、径約8mm、刺状突起がある。和名は葉の芽が紅赤色なことに由来する。

• 県内·各地の低地から山地に分布する。 • 国内·本州、四国、九州、琉球 • 写真·牧之原市牧之原

シラキ

トウダイグサ科

山地に生える、落葉小高木。樹高は4〜5m。樹皮は灰白色で平滑。葉は互生し、葉身は楕円形で、長さ5〜15cm、基部は切形、全縁で、鋭尖頭。花は5〜7月、枝先に長さ約10cmの花穂を出し、上部に黄色の雄花が多数、基部に少数の雌花がつく。果実は三角状球形。秋に美しく紅葉する。種子から油をしぼり、灯油などに用いる。和名は樹皮や材が白色なことに由来する。

• 県内·各地の山地に分布する。 • 国内·本州、四国、九州、琉球 • 写真·富士宮市西臼塚

ユズリハ

ユズリハ科

山地に生える、常緑高木。雌雄異株。樹高は10mほどになる。葉は互生し、葉身は長楕円形で、長さ15〜20cm、全縁で、鋭頭から鋭尖頭。基部は狭いくさび形、葉柄は赤色。裏面は白色を帯び側脈は16〜19対。花は5〜6月、葉腋にまとまってつく。果実は楕円形で、長さ8〜9mm、垂れてつき、黒藍色に熟す。正月飾りに用いる。葉柄が緑色のは、イヌユズリハとして区別する。和名は若葉がのびてから、古い葉が落ちるのを世代を譲るとして名付けられた。

- 県内・各地の山地に分布する。 • 国内・本州、四国、九州、琉球 • 写真・掛川市粟ヶ岳

ヒメユズリハ

ユズリハ科

沿海地から低地に生える、常緑高木。雌雄異株。樹高は10mほどになる。葉は互生し、葉身は楕円形で、長さ6〜12cm、全縁で、基部は狭いくさび形で、鋭頭から鈍頭。裏面は緑白色を帯びる。側脈は8〜10対。花は5〜6月、葉腋にまとまってつく。果実は楕円形で、長さ8〜9mm、上向きにつき黒藍色に熟す。ユズリハとは、葉の形と大きさ、側脈数、果実のつき方で区別できる。スルガヒメユズリハは葉が大きく、果実は垂れてつく。沼津で最初に記録されたので地名がつけられた。

- 県内・各地の沿海地から低地に分布する。 • 国内・本州、四国、九州、琉球 • 写真・掛川市粟ヶ岳

サンショウ

ミカン科

山地に生える、落葉低木。雌雄異株。樹高は2〜3m。枝に対生する刺がある。葉は互生し、油点があり、特有な芳香がある。長さ5〜15cm、奇数羽状複葉で、小葉は5〜10対、長卵形で、長さ1〜4cm、鋸歯があり微凹頭。花は4〜5月、枝先に小さな、淡黄緑色の花を多数つける。花被片は5〜8個。果実は赤色、球形で径5mm。種子は光沢のある黒色で辛い。種子や葉を香辛料に用いる。

• 県内･各地の山地に分布する。 • 全国･北海道、本州、四国、九州 • 写真･掛川市小笠山

イヌザンショウ

ミカン科

山地に生える、落葉低木。雌雄異株。樹高は2〜3m。枝に互生する刺がある。特有な香りがある。葉は互生し、油点がある。長さ5〜15cm。奇数羽状複葉で、小葉は5〜10対、長楕円形で、長さ1〜4cm、鋸歯があり、先端は微凹頭。花は7〜8月、枝先に小さな薄黄緑色の花を多数つける。萼片と花弁は5個。果実は球形で、径約5mm、淡緑色に熟す。種子は光沢のある黒色。サンショウは枝の刺が対生し、葉に芳香があるので区別できる。

• 県内･各地の山地に分布する。 • 全国･本州、四国、九州 • 写真･浜松市浜北

カラスザンショウ

ミカン科

山地に生える、落葉高木。雌雄異株。樹高は15mに達する。幹や枝には不規則に並ぶ刺がある。葉は互生し、長さ30～80cm。奇数羽状複葉で、小葉は5～10対、披針形で、長さ5～10cm、鋸歯があり、先端は尖る。花は7～8月、枝先に小さな薄緑色の花を多数つける。萼片と花弁は5個。果実は球形で、径約6mm、褐色で、軟毛が密生する。種子は楕円形で、光沢のある黒色。和名はカラスがこの実を食べるとして名付けられた。

• 県内・各地の山地に分布する。 • 全国・本州、四国、九州、琉球 • 写真・掛川市小笠山

コクサギ

ミカン科

山地の谷間などに生える、落葉低木。雌雄異株。樹高は2～3m。全体に特有な香りがある。葉は2個ごとに互生する。葉身は倒卵形で、長さ6～10cm、全縁で、先端は尖る。花は4～5月、葉腋に黄緑色の花をつける。萼片と花弁は4個。果実は腎形で、長さ約1cm。乾くと淡褐色になる。和名は小形で臭気があることに由来する。

• 県内・各地の山地に分布する。 • 全国・本州、四国、九州 • 写真・浜松市浜北森林公園

オオバキハダ

ミカン科

山地に生える、落葉高木。雌雄異株。樹高は10〜15m。樹皮は淡黄褐色。縦に溝があり、内皮は黄色。枝や葉に軟毛が密生する。葉は対生し、長さ20〜30cm。奇数羽状複葉。小葉は2〜5対、卵状長楕円形で、長さ約10cm、鋸歯があり、基部は円形で、鋭尖頭。花は5〜6月、枝先に黄緑色の小さな花を多数つける。萼片と花弁は5個。果実は球形で、径約1cm。黒色に熟す。内皮は薬用にする。キハダは葉の幅が広く、全体に毛が少ない。和名のキハダは幹の内皮が黄色いことに由来する。

• 県内・伊豆を除く、山地に分布が少ない。 • 全国・本州(関東、中部) • 写真・裾野市東臼塚

ミヤマシキミ

ミカン科

山地に生える、常緑低木。樹高は50〜100cm。葉は革質で互生し、油点が目立つ。葉身は長楕円形、長さ6〜10cm、全縁で、先端は尖り鈍端。花は4〜5月、枝先に白色の小さな花を、多数つける。萼片と花弁は4個。果実は球形で、径約1cm、赤色に熟す。有毒植物。和名は深山に生え、シキミ科のシキミに似ることに由来する。ツルミヤマシキミは高地にあり、葉は小さく長さ4〜6cm。茎の下部が地上をはい、斜上する。

• 県内・各地の山地に分布する。 • 全国・本州、四国、九州 • 写真・浜松市渋川

ニワウルシ

ニガキ科

平地に生える、落葉高木。雌雄異株。樹高は10〜20m。葉は互生し、長さ50〜100cm。奇数羽状複葉で、小葉は6〜12対、長卵形で、長さ5〜10cm、鋸歯があり、先端は細く尖る。花は5月、枝先に小さな緑白色の花を多数つける。萼片と花弁は5個。果実は長さ約5cm。披針形で、翼があり中央に1個の種子がある。赤味を帯び、熟すと褐色になる。中国原産、県内の分布は逸出である。庭園や公園に植栽される。和名は葉がウルシに似ることに由来する。別名シンジュは神樹で英名の直訳。

• 県内・各地の平地に逸出する。 • 全国・日本各地に逸出する。 • 写真・浜松市市内

センダン

センダン科

平地に生える、落葉高木。樹高は5〜10m。葉は互生し、葉身は楕円形で、長さ6〜10cm。2〜3回羽状複葉。小葉は卵形で、鋸歯があり、基部は鈍形、先端は尖る。花は5〜6月、枝先に淡紫色の花を多数つける。萼片と花弁は5個。果実は楕円形で、径約2cm、黄色に熟す。西南日本原産、県内の分布は逸出である。果実を薬用にする。別名アウチ。香木のセンダンは別の種類である。

• 県内・各地の平地に逸出する。 • 全国・四国、九州、琉球、小笠原 • 写真・静岡市草薙

ドクウツギ

ドクウツギ科

低地から山地に生える、落葉低木。樹高は1～2m。葉は4稜のある小枝の左右に、30個以上が対生してつく。葉身は卵状楕円形で、長さ6～8cm、全縁で、先端は尖る。花は5～6月、葉腋に雄花穂と雌花穂が並んでつく。萼片と花弁は5個。果実は球形で径約1cm。赤色で、後に紫黒色に熟す。果実は有毒で毒性が強い。和名は全形がウツギに似て、有毒なことに由来する。別名イチロベゴロシ。

• 県内·各地の低地から山地に分布する。 • 全国·北海道、本州 • 写真·掛川市粟ヶ岳

ハゼノキ

ウルシ科

平地から低地に生える、落葉小高木。雌雄異株。樹高は5～10m。葉は互生し、奇数羽状複葉で長さ20～40cm。小葉は4～7対。卵状披針形で、長さ5～10cm、全縁で、長鋭頭。花は5～6月、葉腋に黄緑色の花を多数つける。萼片と花弁は5個。果実は扁球形で無毛、黄白色、径約1cm。琉球原産、県内の分布は逸出である。果実から蝋を採る。別名リュウキュウハゼ、ロウノキ。

• 県内·各地の平地から低地に逸出する。 • 全国·四国、九州、琉球、小笠原 • 写真·掛川市市内

ヤマハゼ

ウルシ科

山地に生える、落葉小高木。雌雄異株。樹高は5〜10m。葉は互生し、褐色の軟毛があり、特に裏面脈上に多い。奇数羽状複葉で長さ20〜40cm。小葉は4〜7対、長楕円形で、長さ5〜7cm、全縁で、鋭尖頭。花は6月、葉腋に黄緑色の花を多数つける、萼と花弁は5個。果実は扁球形で無毛、黄褐色で、径約1cm。果実から蝋を採る。ハゼノキは全体が無毛。小葉は幅が狭く、先端が長く尖るので区別できる。

- 県内・各地の山地に分布する。 • 全国・本州、四国、九州 • 写真・掛川市小笠山

ヤマウルシ

ウルシ科

山地に生える、落葉小高木。雌雄異株。樹高は5〜8m。葉は互生し、葉柄、葉に褐色の軟毛が多い。奇数羽状複葉で長さ20〜40cm。小葉は3〜8対、卵状楕円形で、長さ5〜10cm、全縁で、若木は鋸歯があり、鋭頭。花は5〜6月、葉腋に黄緑色の花を多数つける。萼と花弁は5個。果実は扁球形で黄色の剛毛があり、径約6mm。ヤマハゼは毛が少なく、果実に剛毛が無いので区別できる。

- 県内・各地の山地に分布する。 • 全国・北海道、本州、四国、九州 • 写真・浜松市浜北森林公園

ヌルデ

ウルシ科

低地から山地に生える、落葉小高木。雌雄異株。樹高は3～7m。葉は互生し、葉柄、葉に軟毛がある。奇数羽状複葉で、長さ20～40cm。小葉は3～6対、葉軸に翼があり、長さ5～10cm。楕円形で鋸歯があり、基部はくさび形で、鋭頭。花は8～9月、枝先に黄白色の花を多数つける、萼と花弁は5個。果実は扁球形で毛があり、黄赤色に熟し、径約3mm。塩辛い。葉軸に翼のないハネナシヌルデが希にある。葉にヌルデフシムシが寄生してできた、五倍子からタンニンを採り、薬用にする。別名フシノキ。

- 県内・各地の低地から山地に分布する。 • 全国・北海道、本州、四国、九州、琉球 • 写真・掛川市小笠山

ツタウルシ

ウルシ科

山地に生える、落葉木本性つる植物。雌雄異株つるは長さ3mほどになる。気根を出し樹木にはい上がる。葉は互生し、3出複葉。小葉は卵状楕円形で、長さ約5～15cm、全縁で先端は尖る。花は5～6月、葉腋に黄緑色の花を多数つける。萼と花弁は5個。果実は扁球形で、黄褐色に熟し、径約5mm、短毛を散生する。

- 県内・各地の山地に分布する。 • 全国・北海道、本州、四国、九州 • 写真・川根本町蕎麦粒山

イロハモミジ

カエデ(ムクロジ)科

山地に生える、落葉高木。樹高は10～15m。樹皮は淡灰褐色。葉は対生し、葉身は掌状に5～7深裂し、幅3～7cm、鋸歯があり、基部は浅心形、裂片の先端は尾状で鋭頭。花は4～5月、花穂は垂れ下がり、暗赤色の小さな花を多数つける。萼片と花弁は5個。果実は長さ約1.5cm、翼があり、ほぼ水平に開く。多くの園芸品種があり、紅葉の名所などに、広く植栽される。別名イロハカエデ、タカオカエデ。

• 県内・各地の山地に分布する。 • 全国・本州、四国、九州 • 写真・浜松市浜北森林公園

オオモミジ

カエデ(ムクロジ)科

山地に生える、落葉高木。樹高は10～15m。樹皮は灰褐色。葉は対生し、葉身は掌状に5～9中裂、幅7～10cm、単純鋸歯または重鋸歯があり、基部は浅心形、裂片の先端は尾状で鋭頭。花は4～5月、花穂は垂れ下がり、暗赤色の小さな花を多数つける。萼片と花弁は5個。果実は長さ約2.5cm、翼があり、水平から鈍角に開く。多くの園芸品種があり、広く植栽される。ヤマモミジは、掌状に7～9中裂、葉にふぞろいの重鋸歯がある。

• 県内・各地の山地に分布する。 • 全国・北海道、本州、四国、九州 • 写真・浜松市渋川

コハウチワカエデ

カエデ(ムクロジ)科

山地に生える、落葉高木。樹高は10～15m。樹皮は灰青褐色。葉は対生し、葉裏に白綿毛を密生する。葉身は掌状に7～11中裂、幅5～10cm、単鋸歯または重鋸歯があり、基部は切形から心形、裂片の先端は短く尖る。花は5月、花穂は垂れ下がり、淡黄色の小さな花を多数つける。萼片と花弁は5個。果実は長さ約2cm、翼があり、ほぼ水平に開く。ハウチワカエデは、葉幅が6～12cmと大きい。別名イタヤメイゲツ。

• 県内･各地の山地に分布する。 • 全国･本州、四国、九州 • 写真･伊豆市天城山

オオイタヤメイゲツ

カエデ(ムクロジ)科

山地に生える、落葉高木。樹高は20mほどになる。樹皮は灰白色。若葉は白毛があり、裏面主脈に多少残る。葉は対生し、葉身は掌状に9～13中裂、幅6～12cm、重鋸歯があり、基部は切形から心形、裂片の先端は短く尖る。花は5月、枝先に淡黄色の小さな花を多数つける。萼片と花弁は5個。果実は長さ約2cm、翼があり、ほぼ水平に開く。庭園に植栽される。ヒナウチワカエデは、葉幅が2～8cmと小さい。

• 県内･各地の山地に分布する。 • 全国･本州、四国 • 写真･川根本町蕎麦粒山

コミネカエデ

カエデ(ムクロジ)科

山地に生える、落葉小高木。雌雄異株または同種。樹高は5〜8m。葉は対生し、葉身はほぼ五角形、掌状に5〜7中裂する。幅4〜9cm、重鋸歯があり、基部は心形、裂片の先端は長くのび鋭頭。花は5〜6月、黄緑色の小さな花を多数つける。萼片と花弁は5個。果実は長さ約1.5cm、翼があり、鈍角に開く。和名はミネカエデに似て、小形なことに由来する。

- 県内・各地の山地に分布する。 • 全国・本州、四国、九州 • 写真・川根本町蕎麦粒山

ウリカエデ

カエデ(ムクロジ)科

山地に生える、落葉小高木。雌雄異株。樹高は3〜5m。樹皮は青緑色。葉は対生し、葉身は長卵形、単葉または3浅裂する。幅1.5〜5cm、重鋸歯があり、基部は浅心形、裂片の先端は長くのび尖る。花は4〜5月、枝先に淡黄色の小花を10個内外つけ、垂れ下がる。萼片と花弁は5個。果実は長さ約2cm、翼があり、水平に開く。和名は樹皮がウリに似ることに由来する。

- 県内・各地の山地に分布する。 • 全国・本州、四国、九州 • 写真・浜松市浜北森林公園

チドリノキ

カエデ(ムクロジ)科

山地に生える、落葉高木。雌雄異株。樹高は10～15m。樹皮は黒赤色。葉は対生し、葉身は長楕円形、長さ8～12cm。重鋸歯があり、基部は心形、裂片の先端は尾状に尖る。花は5月、枝先に、淡黄色の小さな花を雄花は多数、雌花は3～7個つけ、垂れ下がる。萼片と花弁は5個。果実は長さ約3cm、翼があり、直角に開く。和名は果実の形を鳥のチドリに例えた。別名ヤマシバカエデ。

• 県内・各地の山地に分布する。 • 全国・本州、四国、九州 • 写真・浜松市水窪

ウリハダカエデ

カエデ(ムクロジ)科

山地に生える、落葉高木。雌雄異株。樹高は10～15m。樹皮は緑色で黒斑がある。若枝や葉裏脈上などに褐色の毛が密生する。葉は対生し、葉身はほぼ五角形、3～5浅裂する。幅6～15cm、重鋸歯があり、基部は心形、裂片の先は尖る。花は5月、枝先に、淡黄色の小さな花を多数つけ、垂れ下がる。萼片と花弁は5個。果実は長さ2～3cm、翼があり鈍角に開く。和名は樹皮の色に由来する。

• 県内・各地の山地に分布する。 • 全国・本州、四国、九州 • 写真・浜松市水窪

ホソエカエデ

カエデ(ムクロジ)科

山地に生える、落葉高木。雌雄異株。樹高は10～15m。樹皮は緑色で黒斑がある。葉は対生し、葉身は卵状五角形、3～5浅裂する。幅5～12cm、重鋸歯があり、基部は心形、裂片の先は長くのびて尖る。花は5～6月、枝先に、淡黄色の小さな花を多数つけ、垂れ下がる。萼片と花弁は5個。果実は長さ約2cm、翼があり、鈍角に開く。ウリハダカエデとは葉裏脈上や果実に、褐色の毛がなく、葉裏の葉脈腋に小さな膜があるので区別できる。

- 県内･各地の山地に分布する。 • 全国･本州、四国 • 写真･浜松市水窪

イタヤカエデ

カエデ(ムクロジ)科

山地に生える、落葉高木。樹高は15～20m。樹皮は暗灰色。葉は対生し、葉身は五角形で、5中裂する。幅6～12cm、全縁で基部は浅心形、裂片の先は鋭尖頭。花は4～5月、上向きに、淡黄色の小さな花を多数つける。萼片と花弁は5個。果実は長さ2～2.5cm、翼があり、鋭角に開く。葉裏全体に短毛があるのをオニイタヤ、葉身が5～7深裂し、裂片の細いのをエンコウカエデとして区別する。

- 県内･各地の山地に分布する。 • 全国･本州、四国、九州 • 写真･浜松市春野

ヒトツバカエデ

カエデ(ムクロジ)科

山地に生える、落葉小高木。樹高は5～15m。樹皮は暗灰色。葉は対生し、葉身は卵状円心形、幅5～15cm、鋸歯があり、基部は心形で鋭尖頭。花は5～6月、上向きに淡黄色の小さな花を多数つける。萼片と花弁は5個。果実は長さ3～4cm、翼があり、鋭角に開き、短毛がある。和名は葉が分裂しないで単葉なことに由来する。別名マルバカエデ。

• 県内・伊豆と東部を除く、山地に分布するが少ない。 • 全国・本州(東北から近畿) • 写真・浜松市水窪

ミツデカエデ

カエデ(ムクロジ)科

山地に生える、落葉高木。雌雄異株。樹高は10～20m。樹皮は灰褐色。葉は対生し、3出複葉、小葉は3個、楕円形で、長さ5～10cm、大形の鋸歯があり、両端は尖る。花は5月、淡黄色の小さな花が、多数垂れ下がる。萼片と花弁は4個。成熟前の果実は暗赤色、長さ約3cm、翼があり、平行または鋭角に開く。和名は小葉が3個あることに由来する。

• 県内・山地に分布するが少ない。 • 全国・北海道、本州、四国、九州 • 写真・伊豆市天城湯ヶ島町

メグスリノキ

カエデ(ムクロジ)科

山地に生える、落葉高木。雌雄異株。樹高は10～20m。樹皮は灰色。葉は対生し、若枝、葉などに軟毛があり、葉裏脈上には密生する。3出複葉、小葉は3個、楕円形で、長さ6～10cm、鋸歯があり、両端は尖る。花は5月、枝先に淡黄緑色の花が雄花は3～5。雌花は1～3個つく。萼片と花弁は5個。果実は長さ4～5cm、翼は平行または鈍角に開く。黄褐色の毛が密生する。和名は民間薬で、樹皮を煎じ、洗眼に用いることに由来する。

• 県内・伊豆を除く、山地に分布するが少ない。 • 全国・本州、四国、九州 • 写真・浜松市水窪

ムクロジ

ムクロジ科

平地から低地に生える、落葉高木。樹高は15～20m。樹皮は黄褐色。葉は互生し、偶数羽状複葉。小葉は4～8対、狭長楕円形で、長さ7～20cm、全縁で、先端は尖る。花は6月、枝先に黄緑色の径4～5mmの花を多数つける。萼片と花弁は4～5個、果実は球形で、径約2cm。黄褐色に熟す。種子は球形で径約1cm。黒色で球形の種子が1個ある。種子は正月の追羽根の球に用いる。南日本から東南アジア原産、県内の分布は逸出である。果皮は石鹸の代用になる。

• 県内・各地の平地から低地に逸出する。 • 全国・本州、四国、九州、琉球、小笠原 • 写真・袋井市法多山

トチノキ

トチノキ(ムクロジ)科

山地に生える、落葉高木。樹高は20〜30m。樹皮は灰褐色。葉は対生し、裏面に赤褐色の軟毛がある。掌状複葉で、小葉は5〜7個、倒卵状楕円形で、長さ15〜30cm、重鋸歯があり、鋭尖頭。花は5〜6月、枝先に15〜25cmの大きな花穂を出し、径約1.5cmの花を多数つける。両性花の萼片は5裂、花弁は4個、白色で、基部は紅色。果実は卵状円形で、径3〜5cm、こぶ状突起がある。種子はクリに似た形で、赤褐色、渋抜きして食用にする。

• 県内・伊豆を除く、各地の山地に分布する。 • 全国・北海道、本州、四国、九州 • 写真・浜松市水窪

アワブキ

アワブキ科

山地に生える、落葉小高木。樹高は8〜10m。樹皮は紫灰色。若枝、花序、葉裏脈上に黄褐色の毛がある。葉は互生し、葉身は長楕円形で、長さ10〜25cm、鋸歯があり、鋭尖頭。花は6月、枝先に淡黄白色で、径約3mmの花を多数つける。萼片と花弁は5個で、内側の2個は小さい。果実は球形で、径約4〜5mm、赤色に熟す。和名は枝を燃やすと、切口から泡を出すことに由来する。

• 県内・各地の山地に分布する。 • 全国・本州、四国、九州 • 写真・牧之原市牧之原

ミヤマハハソ

アワブキ科

山地に生える、落葉低木。樹高は3〜4m。葉は互生し、葉身は倒卵状長楕円形で、長さ5〜12cm、鋸歯があり、尾状に尖る。花は6月、枝先に淡黄色で、径約4mmの花を多数つける。萼片は3〜4個、花弁は5個、内側の2個は小さい。果実は球形で、径3〜4mm、黒色に熟す。別名ミヤマホウソ。和名のハハソはコナラのことで、葉が似ていることに由来する。

- 県内・各地の山地に分布する。 • 全国・本州、四国、九州 • 写真・浜松市水窪

ヤマビワ

アワブキ科

低地に生える、常緑小高木。樹高は7mほどになる。樹皮は灰青色。葉は互生し、若枝、花序、葉裏などに、褐色の綿毛が密生する。葉身は狭披針形で、長さ10〜20cm、鋸歯があり、鋭尖頭。花は6月、枝先に白色で、径約5mmの花を多数つける。萼片5個、花弁は5個で、内側の2個は小さい。果実は球形で、径6〜7mm、赤色から黒紫色に熟す。和名は葉がビワの葉に似ることに由来する。静岡県は分布の北東限自生地。

- 県内・中部と西部の低地に分布するが少ない。 • 全国・本州、四国、九州、琉球 • 写真・御前崎市浜岡

モチノキ

モチノキ科

海岸から低地に生える、常緑高木。雌雄異株。樹高は10〜20m。樹皮は暗灰色。全株無毛。葉は革質で互生し、葉身は楕円形、長さ4〜7cm、全縁で、先端は尖り鈍端。花は4月、葉腋に黄緑色の小さな花を多数つける。萼片と花弁は4個。果実は球形で、径約1cm、赤色に熟す。和名は樹皮から鳥もちを採ることに由来する。庭園や公園などに植栽される。クロガネモチは葉柄が黒紫色で、花は淡紫色、赤色の果実が多数つく。

• 県内・各地の海岸から低地に分布する。 • 全国・本州、四国、九州、琉球 • 写真・掛川市小笠山

クロガネモチ

モチノキ科

平地から山地に生える、常緑高木。雌雄異株。樹高は10〜20m。樹皮は緑灰白色。全体無毛。葉は互生し、葉身は楕円形、長さ5〜10cm、全縁で、先端は尖る。花は6月、葉腋に径約4mmの淡紫色の花を多数つける。萼片と花弁は4〜6個。果実は球形で、径約6mm、赤色に熟す。果実が枝一杯につき美しいので、庭園や公園などに植栽される。和名は枝や葉柄が黒紫色なことに由来する。

• 県内・各地の平地から山地に分布する。 • 全国・本州、四国、九州、琉球 • 写真・掛川市市内

ナナミノキ

モチノキ科

山地に生える、常緑高木。雌雄異株。樹高は10〜15m。全体無毛。若い枝には稜がある。葉は互生し、葉身は長楕円形、長さ6〜10cm、鋸歯があり、先端は尖る。花は6月、葉腋に雄花は多数、雌花は1〜2個つく。花は淡紫色で径約5mm、萼片と花弁は4個。果実は球形で、径約1cm、赤色に熟す。別名ナナメノキ。静岡県は分布の東限自生地。

- 県内・中部と西部各地の山地に分布する。 • 全国・本州、四国、九州 • 写真・牧之原市牧之原

ソヨゴ

モチノキ科

山地に生える、常緑小高木。雌雄異株。樹高は5〜10m。樹皮は灰褐色。葉は互生し、革質で光沢がある。葉身は卵状楕円形、長さ5〜10cm、全縁で先端は尖る。花は6月、葉腋に雄花は多数、雌花は単生する。花は白色で、径約4mm。萼片と花弁は4個。果実は球形で、径6〜8mm。長い柄があり、赤色に熟し下垂する。和名は葉が風でそよぐ(そよそよと音をたてる)ことに由来する。

- 県内・中部と西部各地の山地に分布する。伊豆と東部は少ない。 • 全国・本州、四国、九州 • 写真・袋井市小笠山

イヌツゲ

モチノキ科

山地に生える、常緑小高木。雌雄異株。樹高は2～6m。全体無毛。葉は互生し、葉身は長楕円形、長さ1～3cm、鋸歯があり、先端は尖る。花は6～7月、葉腋に雄花は多数、雌花は1個つく。花は白色で、径約4mm。萼片と花弁は4個。果実は球形で、径約6mm、黒色に熟す。ツゲ科のツゲは葉が全縁で対生する。和名はツゲに似るがツゲほど有用でないのでイヌをつけた。

• 県内･各地の山地に分布する。 • 全国･本州、四国、九州 • 写真･掛川市市内

ウメモドキ

モチノキ科

山地の湿地に生える、落葉低木。雌雄異株。樹高は2～3m。葉は互生し、裏面脈上に細毛がある。葉身は楕円形、長さ4～8cm、鋸歯があり、鋭頭。花は6月、葉腋に雄花は多数、雌花は1～7個つく。花は淡紫色で、径約2～2.5mm。萼片は4～5個、花弁は5個。果実は球形で、径約5mm、赤色に熟す。イヌウメモドキは全体に毛がない。

• 県内･伊豆を除く、各地の山地に分布する。 • 全国･本州、四国、九州 • 写真･浜松市浜北森林公園

アオハダ

モチノキ科

山地に生える、落葉高木。雌雄異株。樹高は10～15m。樹皮は灰白色。葉は長枝で互生し、短枝で束生する。葉身は広楕円形で、長さ3～7cm、鋸歯があり、先端は尖る。花は5～6月、短枝の先に、雄花は多数、雌花は少数つく。花は緑白色で、径約4mm。萼片と花弁は4～5個。果実は球形で、径約7mm、赤色に熟す。ケナシアオハダは葉の裏面に毛がない。和名は樹皮の内皮が緑色なことに由来する。

• 県内·各地の山地に分布する。 • 全国·北海道、本州、四国、九州 • 写真·浜松市宮口

ツリバナ

ニシキギ科

山地に生える、落葉小高木。樹高は4～5m。葉は対生し、葉身は楕円形で、長さ5～8cm、鋸歯があり、鋭頭。花は5～6月、葉腋から長さ4～6cmほどの細い分岐する枝を出し、先端に約8mmで、黄緑色の花を多数吊り下げる。萼片と花弁は5個。果実は長い柄の先につく。球形で径約1cm、熟すと5裂し、橙赤色の種子を露出する。和名は花や種子が吊り下がることに由来する。

• 県内·各地の山地に分布する。 • 全国·北海道、本州、四国、九州 • 写真·掛川市小笠山

ヒロハツリバナ

ニシキギ科

山地に生える、落葉小高木。樹高は6～7m。葉は対生し、葉身は卵状楕円形で、長さ9～12cm、鋸歯があり、鋭尖頭。花は6～7月、葉腋からから、長さ4～8cmの分岐する枝を出し、先端に径約6mmの黄緑色の花を吊り下げる。萼片と花弁は4個。果実は柄の先につき、径2～2.5mm、球形で、長三角形の4個の翼がある。熟すと4裂し、橙赤色の種子を露出する。ツリバナとは葉幅が広く、果実に翼があるので区別できる。

• 県内・伊豆を除く、各地の山地に分布する。 • 全国・北海道、本州、四国 • 写真・静岡市梅ヶ島

マユミ

ニシキギ科

山地に生える、落葉小高木。樹高は5～10m。葉は対生し、葉身は長楕円形で、長さ5～15cm、鋸歯があり、鋭尖頭。花は5月、葉腋などに長さ2～6cmの枝を出し、先端に径1cmほどの黄緑色の花を数個つける。果実は径約1cm、四角形をした球形で、4稜がある、淡紅色に熟し、4裂して赤色の種子を露出する。カントウマユミは葉裏脈上に毛を密生する。和名は材から弓を作ることに由来する。

• 県内・各地の山地に分布する。 • 全国・北海道、本州、四国、九州 • 写真・小山町足柄峠

ニシキギ

ニシキギ科

山地に生える、落葉低木。樹高は1～2m。枝にコルク質の4枚の翼がある。葉は対生し、葉身は倒卵形で、長さ4～6cm、鋸歯があり、鋭頭。花は5月、葉腋に1～4cmの枝を出し、先端に径6～8mm、黄緑色の花を2～3個つける。萼片と花弁は4個。果実は5～8mm、楕円形で、熟すと裂開して、赤色の種子を露出する。庭園などに植栽される。和名は秋に紅葉する様子を錦に例えた。

• 県内·各地の山地に分布する。 • 全国·北海道、本州、四国、九州 • 写真·掛川市市内

コマユミ

ニシキギ科

山地に生える、落葉低木。樹高は2～3m。枝にコルク質の翼はない。葉は対生し、葉身は倒卵形で、長さ4～6cm、鋸歯があり、鋭頭。花は5月、葉腋に1～4cmの枝を出し、先端に径6～8mmの黄緑色の花をつける。和名はマユミの仲間で小形なので名付けられた。ニシキギと形態はほぼ同じ。枝に翼が出ないので区別できる。

• 県内·各地の山地に分布する。 • 全国·北海道、本州、四国、九州 • 写真·浜松市市内

マサキ

ニシキギ科

沿海地に生える、常緑小高木。樹高は2～5m。葉は対生し、革質で光沢がある。葉身は楕円形で、長さ3～8cm、鋸歯があり、鋭頭。花は6～7月、葉腋に3～7cmの枝を出し、先端に径約5mm、淡緑色の花を多数つける。萼片と花弁は4個、果実は6～8mm、球形で、熟すと裂開して、橙赤色の種子を露出する。垣根などに広く用いる。斑入りなど多くの園芸品種があり、植栽される。内陸に茎がつる状になる、ツルマサキがある。

• 県内・各地の沿海地に分布する。 • 全国・北海道、本州、四国、九州、琉球、小笠原 • 写真・掛川市市内

ツルウメモドキ

ニシキギ科

低地から山地に生える、落葉つる性低木。雌雄異株。つるは長くのび他物にからみつく。葉は互生し、葉身は楕円形で、長さ5～10cm、鋸歯があり、先端は尖る。花は5～6月、枝先や葉腋に黄緑色の花をつける。萼片と花弁は5個。果実は球形で、径7～8mm、黄色に熟し、裂開して橙赤色の種子を露出する。オニツルウメモドキは、葉はやや大きく、裏面脈上に突起状の毛がある。

• 県内・各地の低地から山地に分布する。 • 全国・北海道、本州、四国、九州、琉球 • 写真・菊川市横地城跡

ミツバウツギ

ミツバウツギ科

山地に生える、落葉低木。樹高は2～3m。葉は対生し、3出複葉。小葉は3個、葉身は卵形で、長さ3～7cm、鋸歯があり、先端は鋭尖頭。花は5～6月、枝先に長さ約8mmで、白色の花を多数つける。萼片と花弁は5個、萼片よりわずかに小さい。果実は平たくふくらみ、径約2cm、2室に分かれ下部でつながる。種子は球形で淡黄色、光沢がある。和名は花がユキノシタ科のウツギに似て、葉が3個あることに由来する。

• 県内・各地の山地に分布する。 • 全国・北海道、本州、四国、九州 • 写真・富士宮市西臼塚

ゴンズイ

ミツバウツギ科

低地から山地に生える、落葉小高木。樹高は3～6m。樹皮は黒緑色、縦に裂け目があり、皮目が多い。葉は対生し、長さ10～30cm。奇数羽状複葉で、小葉は2～4対、狭卵形で、長さ5～9cm、鋸歯があり、鋭尖頭。花は5～6月、枝先に径4～5mmで、黄白色の花を多数つける。萼片と花弁は5個。果実は半月状にふくらみ、赤色に熟し目立つ。長さ約1cm。熟すと裂けて黒色の種子を露出する。和名は役に立たない木なので、役に立たない魚ゴンズイの名をつけた。

• 県内・各地の低地から山地に分布する。 • 全国・本州、四国、九州、琉球 • 写真・袋井市小笠山

ツゲ

ツゲ科

山地に生える、常緑低木。樹高は2～3m。葉は対生し、革質で光沢がある。葉身は楕円形で、長さ1～3cm、先端は鈍頭または凹頭。花は3～4月、枝先や葉腋に、淡黄色の花が集まりつく。花弁はない。雄花の萼片は4個、雌花の萼片は6個。果実は倒卵形で、長さ約1cm。種子は長楕円形で黒色、光沢がある。石灰岩や蛇紋岩地を好む。材は緻密で印や細工に用いる。イヌツゲはモチノキ科で葉は互生する。別名ホンツゲ。アサマツゲ。

• 県内・伊豆と西部に分布するが少ない。 • 全国・本州、四国、九州 • 写真・浜松市水窪

フッキソウ

ツゲ科

山地に生える、常緑低木。樹高は20～30cm。地下茎は長くはう。葉は厚く、互生し、輪生状になる。葉身は長楕円形で、長さ3～6cm、上部に鋸歯があり、先端は尖る。花は3～5月、花穂の上部に雄花が多数、下部に雌花が5～7個つく。花は白色または淡緑色。果実は卵形で、長さ約1.5cm、白色に熟す。県内には自生と逸出がある。庭園に植栽される。和名は富貴草で、常緑で葉が茂る様子に、家庭の繁栄を連想している。絶滅危惧植物（県）

• 県内・東部と中部に希に自生する。各地に逸出する。 • 全国・北海道、本州、四国、九州 • 写真・浜松市市内(逸出)

クマヤナギ

クロウメモドキ科

山地に生える、落葉つる性木本。つるは黄緑色で、長くのび他物に巻きつく。葉は互生し、葉身は長楕円形で、長さ約5cm、側脈は7～8対、全縁で、先端は尖る。花は7～8月、枝先に緑白色の小さな花を多数つける。萼片と花弁は5個。果実は楕円形で、長さ5～7mm、赤色から黒色に熟す。和名は丈夫なつるを熊に見立てた。オオクマヤナギは、葉が大きく、側脈は9～13対。

• 県内・各地の山地に分布する。 • 全国・北海道、本州、四国、九州 • 写真・浜松市浜名湖湖岸

イソノキ

クロウメモドキ科

山地の湿潤地に生える、落葉低木。樹高は3～4m。葉は互生し、葉身は長楕円形、長さ6～10cm、鋸歯があり、鋭尖頭。花は6～7月、葉腋に数個の小さな花をつける。花は黄緑色で、径約5mm、花弁は小さい。萼片は5個で目立つ。果実は球形で径約6mm、紅色から紫黒色に熟す。

• 県内・中部と西部各地の山地に分布する。 • 全国・本州、四国、九州 • 写真・浜松市宮口

クロウメモドキ

クロウメモドキ科

山地に生える、落葉低木または小高木。雌雄異株。樹高は2〜6m。刺に変わった枝がある。葉は対生し、葉身は倒卵形で、長さ4〜6cm、鋸歯があり、先端は尖る。花は4〜5月、葉腋に束生し、黄緑色で、径約4mm。雄花は数個、雌花は少数つく。萼片と花弁は4個、果実は球形で、径6〜7mm、黒色に熟す。コバノクロウメモドキは葉が小形である。

- 県内・各地の山地に分布する。伊豆は少ない。 ● 全国・本州、四国、九州 ● 写真・富士宮市朝霧高原

クロカンバ

クロウメモドキ科

山地に生える、落葉小高木。雌雄異株。樹高は6〜7m。葉は対生し、葉身は長楕円形で、長さ8〜15cm、鋸歯があり、先端は尖る。花は6月、葉腋に束生し、黄緑色で、径約5mm。雄花は数個、雌花は少数つく。萼片と花弁は4個、花弁は小さい。果実は球形で、径約8mm、黒色に熟す。和名は樹皮がシラカンバに似て、薄くはがれ暗褐色なことに由来する。

- 県内・伊豆を除く、山地に分布するが少ない。 ● 全国・本州、四国、九州 ● 写真・裾野市東臼塚

ケンポナシ

クロウメモドキ科

山地に生える、落葉高木。樹高は15〜20m。樹皮は浅黒灰色で、浅く縦裂する。葉は互生し、花柄、果実、葉裏は無毛。葉身は広卵形で、長さ10〜15cm、鋸歯があり、鋭尖頭。花は6〜7月、枝先に白緑色で、径約7mmの花を多数つける。萼片と花弁は5個。果実は球形で、径約7mm。肉質で太くなった果柄につく。果柄は甘味があり、食べられる。ケケンポナシは果実、花序、葉裏に褐色の毛が多く、鋸歯が目立たない。ケンポナシより多い。

• 県内・各地の山地に分布する。 • 全国・北海道、本州、四国、九州 • 写真・牧之原市牧之原

ヤマブドウ

ブドウ科

山地に生える、落葉つる性木本。つるは長くのび、巻きひげで樹木などにはい上がる。若枝や葉に、赤褐色の毛がある。葉身は円心形で、長さ10〜25cm、3〜5浅裂する。鋸歯があり、先端は尖る。花は6月、葉に対生して、黄緑色の小さな花を多数つける。花弁は5個、先端で互いにくっつく。果実は球形で、径約8mm、房になり垂れ下がり、黒色に熟し、食べられる。

• 県内・伊豆を除く、各地の山地に分布する。 • 全国・北海道、本州、四国 • 写真・静岡市井川

エビヅル

ブドウ科

山地に生える、落葉つる性木本。雌雄異株。つるは長くのび、巻きひげで樹木などにはい上がる。葉身は円心形で、3〜5浅裂から深裂する。長さ5〜10cm、鋸歯があり、先端は尖る。葉裏は淡褐色の毛が密生する。花は6〜8月、葉に対生し、淡黄緑色の小さな花が多数つく。花弁は5個、先端で互いにくっつく。果実は球形で、径約5mm、房になり垂れ下がり、黒色に熟し、食べられる。

- 県内・各地の山地に分布する。 ● 全国・本州、四国、九州 ● 写真・掛川市小笠山

サンカクヅル

ブドウ科

山地に生える、落葉つる性木本。雌雄異株。つるは長くのび、巻きひげで樹木などにはい上がる。葉には裏面脈上を除き毛がない。葉身は卵状三角形。長さ4〜9cm、鋸歯があり、鋭尖頭。花は5〜6月、円錐状に淡黄緑色の、小さな花が多数つく。花弁は5個、先端で互いにくっつく。果実は球形で、径約7mm、房になり垂れ下がり、黒色に熟し食べられる。別名ギョウジャノミズは、行者がつるから出る水で、のどをうるおした伝説に由来する。

- 県内・各地の山地に分布する。 ● 全国・本州、四国、九州 ● 写真・掛川市小笠山

ツタ

ブドウ科

低地から山地に生える、落葉つる性木本。つるは長くのび、葉に対生する。巻きひげは分岐し、先は吸盤になり、樹木などにはい上がる。葉身は広卵形で、単葉または2～3浅裂する。長さ5～15cm、鋸歯があり、先端は尖る。花は6～7月、短枝につき、小形で黄緑色の花が多数つく。花弁は5個、果実は球形で、径約6mm、黒紫色に熟す。別名ナツヅタ。

• 県内・各地の低地から山地に分布する。 • 全国・北海道、本州、四国、九州 • 写真・掛川市市内

ノブドウ

ブドウ科

低地から山地に生える、落葉つる性植物。つるは長くのび、巻きひげで樹木などにはい上がる。若枝、葉裏脈上に毛がある。葉身は円心形で、3～5裂する。長さ6～10cm、鋸歯があり、基部は心形で、先端は尖る。花は7～8月、花は葉に対生してつく。小形で緑色の花が多数つく。花弁は5個。果実は球形で、径6～8mm、白色、紫色から青色に熟す。食べられない。葉が無毛のものをテリハノブドウとして区別する。

• 県内・各地の低地から山地に分布する。 • 全国・北海道、本州、四国、九州、琉球 • 写真・静岡市久能山

ホルトノキ

ホルトノキ科

山地に生える、常緑高木。樹高は10〜20m。樹皮は淡灰褐色で平滑。葉は互生し、緑色の葉に落葉前の紅葉が混ざってつく。葉身は狭楕円形で、長さ5〜12cm、鋸歯があり、鋭頭。花は7〜8月、葉腋から花穂を出し、白色の小さな花を多数つける。萼片と花弁は5個、花弁の上部は、10以上の糸状裂片に深く細裂する。果実は楕円形で、長さ1.5〜2cm、黒紫色に熟す。ホルトノキはオリーブのことで、和名は果実をオリーブと間違えてつけた。別名モガシ。街路樹に植栽される。

• 県内・各地の山地に分布する。 • 全国・本州、四国、九州、琉球 • 写真・焼津市栃山川

シナノキ

シナノキ(アオイ)科

山地に生える、落葉高木。樹高は10〜20m。樹皮は灰褐色で、縦に裂ける。葉は互生し、葉身は円心形で、長さ5〜10cm、鋸歯があり、鋭頭。花は7〜8月、長さ5〜8cmの花穂を出し、黄色で径約1cmの花を多数つける。萼片と花弁は5個、花穂の柄に、葉状の苞が1個つく。果実は球形で、径約5mm。灰色の軟毛が密生する。材は建築、器具に用いる。和名はアイヌ語のシナ(結ぶ)からつけられたという。

• 県内・各地の山地に分布する。 • 全国・北海道、本州、九州 • 写真・浜松市天竜の森

キンゴジカ

アオイ科

平地の草地や道沿いに生える、落葉低木。高さ50～100cm。葉は互生し、葉裏は星状毛が密生する。葉身は披針形で、長さ1～5cm、鋸歯があり、先端は尖る。花は7～9月、葉腋に1個つき、黄色で、径約1cm。萼片と花弁は5個。果実は球形、長さ約3mm。東南アジア原産、県内の分布は帰化である。

• 県内·平地の各地に帰化する。 • 全国·日本各地に帰化する。 • 写真·牧之原市牧之原

フヨウ

アオイ科

平地に生える、落葉低木。樹高は1～3m。葉は互生し、若枝や葉に星状毛がある。葉身は五角状円心形で、掌状に3～5裂する。長さ10～20cm、鋸歯があり、基部は心形、先端は鋭尖頭。花は7～10月、葉腋に紅色で、径10～15cmの花をつける、花弁は5個、朝開いて夜は閉じる。果実は球形で、黄褐色の毛が密生する。径2～3cm、熟すと5裂する。中国原産、県内の分布は逸出である。多くの園芸品種があり、庭園や公園に植栽される。

• 県内·各地の平地に逸出する。 • 全国·日本各地に逸出する。 • 写真·掛川市市内

ムクゲ

アオイ科

平地に生える、落葉低木。樹高は1～3m。葉は互生し、若枝や葉に星状毛がある。葉身は広卵形で、3裂する。長さ5～10cm、鋸歯があり、先端は鋭尖頭。花は8～9月、葉腋に紅紫色で、径5～6cmの花をつける。花弁は5個、雄しべは基部で合着する。果実は球形で、黄褐色の毛が密生する。径約2cm。熟すと5裂する。中国原産、県内の分布は逸出である。多くの園芸種があり、庭園や公園に植栽される。

• 県内・各地の平地に逸出する。 • 全国・日本各地に逸出する。 • 写真・掛川市市内

ハマボウ

アオイ科

沿海地に生える、落葉低木。樹高は1～2m。葉は互生し、若枝や葉に星状毛を密生する。葉身は広卵形で、長さ4～7cm、鋸歯があり、先端は尖る。花は7～8月、上部の葉腋に、黄色で、径約5cmの花をつける。花弁は5個、底部は暗赤色。果実は卵形で褐色の剛毛が密生する。径約3cm。熟すと5裂する。伊豆や西部に群生地がある。

• 県内・東部を除く、各地の沿海地に分布するが少ない。 • 全国・本州、四国、九州 • 写真・磐田市竜洋

ヤノネボンテンカ

アオイ科

平地に生える、常緑低木。樹高は50～150cm。葉は互生し、葉身はほこ形で、長さ3～10cm、鋸歯があり、先端は尖る。花は8～9月、葉腋に、白桃色で、径4～6cmの花をつける。花弁は5個、底部は暗赤褐色。果実は球形で、径約8mm。熟すと5裂する。南米原産、県内の分布は逸出である。庭園などに植栽される。

• 県内・各地の平地に逸出する。 • 全国・日本各地に逸出する。 • 写真・掛川市市内

コショウノキ

ジンチョウゲ科

山地に生える、常緑低木。雌雄異株。樹高は50～100cm。全株無毛。樹皮は褐色。葉は互生し、葉身は長楕円形で、長さ5～15cm、全縁で、鋭頭。花は2～4月、枝先に、白色の花が10個ほどつく。花弁はない。萼は筒状で先端は4裂し、長さ8～10mm。果実は楕円形で、長さ約1cm、夏に赤色に熟す。和名は果実に辛味があることに由来する。

• 県内・東部を除く、山地に分布するが少ない。 • 全国・本州、四国、九州、琉球 • 写真・浜松市三ヶ日

オニシバリ

ジンチョウゲ科

山地に生える、落葉低木。雌雄異株。樹高は1〜1.5m。全株無毛。樹皮は灰褐色。葉は互生し、葉身は披針形で、長さ5〜10cm、全縁で、鋭頭。葉は7〜8月頃に落葉、8〜9月頃、新しい葉とつぼみが出る。花は3〜4月、葉腋に黄緑色の花が束生し開花する。花弁はない。萼は筒状で先端は4裂し、長さ5〜10mm。果実は楕円形で、長さ約8mm、夏に赤色に熟す。辛味がある。有毒植物。和名は樹皮が強いので、鬼も縛れるとした。別名ナツボウズは、夏に葉が無いことに由来する。

• 県内・各地の山地に分布する。 • 全国・本州、四国、九州 • 写真・伊東市冷川峠

ガンピ

ジンチョウゲ科

山地に生える、落葉低木。樹高は1〜2m。樹皮は桜皮に似る。全体に絹毛が密生する。葉は互生し、葉身は卵形で、長さ2〜8cm、全縁で、先端は尖る。花は5〜6月、枝先に黄色の花を、十数個つける。花弁はない。萼は筒状で先端は4裂し、長さ約8mm。果実は紡錘形で長毛を密生し、長さ約5mm、褐色に熟す。高級和紙、雁皮紙の原料。別名カミノキ。静岡県は北東限自生地。伊豆にはサクラガンピがある。花期が7〜8月、葉は小さく、花は少ない。

• 県内・西部各地の山地に分布する。 • 全国・本州、四国、九州 • 写真・浜松市浜北森林公園

コガンピ

ジンチョウゲ科

山地に生える、落葉低木。樹高は1mほどになる。葉は互生し、葉身は楕円形で、長さ2〜5cm、全縁で、先端は尖る。花は7〜9月、枝先に白色または淡紅色の花をつける。花弁はない。萼は筒状で先端は4裂し、長さ7〜10mm。果実は長毛を密生し、萼筒に包まれて熟す。和名はガンピに比べ小さいのでつけられた。別名イヌガンピは、紙には使えないのでイヌとつけた。

• 県内・山地に分布するが少ない。 • 全国・本州、四国、九州 • 写真・浜松市浜北森林公園

ミツマタ

ジンチョウゲ科

山地に生える、落葉低木。樹高は1〜2m。樹皮は黄褐色。枝は3分岐する。葉は互生し、葉身は披針形で、長さ10〜15cm、全縁で、鋭頭。花は3〜4月、枝先に黄色で、外側が白色の細毛のある花を多数つける。花弁はない。萼は筒状で先端は4裂し、長さ10〜15mm。果実は緑色で、萼筒に包まれて熟す。和紙の原料。中国、ヒマラヤ原産、県内の分布は逸出である。和名は枝が3分岐していることに由来する。

• 県内・各地の山地に逸出する。 • 全国・日本各地に逸出する。 • 写真・富士宮市朝霧高原

ナツグミ

グミ科

山地に生える、落葉低木。樹高は2～4m。小枝は黄赤褐色の鱗片に、葉と花は銀色の鱗片で覆われ、黄赤褐色の鱗片が散生する。葉は互生し、葉身は楕円形で、長さ5～8cm、全縁で、鋭尖頭。花は4～5月、葉腋に淡黄色の花が1～2個つき垂れ下がる。萼は筒形で、先端は4裂し、長さ約8mm。果実は楕円形で、長さ15mm前後。5～6月に赤色に熟す。マメグミは花期が6～7月で、7～8月に熟す。果実は径1cmと小さい。

• 県内・各地の山地に分布する。 • 全国・本州（関東、中部） • 写真・浜松市水窪

マルバアキグミ

グミ科

沿海地の海岸や河原に生える、落葉低木。樹高は3m以上になる。全体が銀白色の鱗片で覆われ、葉と花は、黄赤褐色の鱗片が散生する。葉は互生し、葉身は広楕円形で、長さ約5cm、全縁で、円頭。花は4～5月、葉腋に白色の花が数個つく。萼は筒形で、先端は4裂し、長さ5～7mm。果実は球形で、長さ約7mm。10～11月に赤色に熟す。アキグミは葉が披針形で、幅が1～2cmと狭く、果実は小さい。

• 県内・各地の沿海地に分布する。 • 全国・本州、四国、九州 • 写真・伊東市城ヶ崎海岸

イイギリ

イイギリ(ヤナギ)科

山地に生える、落葉高木。雌雄異株。樹高は10～20m。樹皮は灰褐色。葉は互生し、裏面は粉白色。葉身は卵心形で、長さ10～20cm、鋸歯があり、鋭尖頭。花は4～5月、長さ20～30cmの花穂を出し、垂れ下がり、緑黄色の花を多数つける。花被は4～6個。雄花は径約1.5mmで、雌花は径約8mm。果実は球形で、径約10mm、赤色に熟す。和名は飯桐で葉がキリに似て、食物を盛るのに用いたことに由来する。公園や庭園に植栽される。

• 県内・各地の山地に分布する。 • 全国・本州、四国、九州、琉球 • 写真・長泉町駿河平自然公園

キブシ

キブシ科

山地に生える、落葉低木。雌雄異株。樹高は2～5m。葉は互生し、葉身は楕円形で、長さ5～12cm、鋸歯があり、鋭尖頭。花は3～4月、花穂は下垂し、雌花の花穂は雄花の花穂よりやや小さく、緑色を帯びる。花は鐘形で、長さ7～9mm。黄色の花を多数つける。萼片と花弁は4個。果実は球形で、径7～10mm、黄褐色に熟す。別名マメブシ。和名、別名は果実を五倍子の代用とすることに由来する。

• 県内・各地の山地に分布する。 • 全国・北海道、本州、四国、九州、小笠原 • 写真・牧之原市牧之原

ハチジョウキブシ

キブシ科

沿海地に生える、落葉低木。雌雄異株。樹高は2～3m。葉は互生し、葉身は三角状卵形で、長さ10～15cm、鋸歯があり、鋭尖頭。花は3月、花穂は下垂し、黄色の花を多数つける。花は鐘形で、長さ8～10mm。果実は球形で、径15mm以上になり、黄褐色に熟す。キブシに比べ、枝は太く、葉は厚く、花、果実はやや大きい。

• 県内・伊豆各地の沿海地に分布する。他の地域にはない。 • 全国・本州、伊豆諸島 • 写真・東伊豆町細野湿原

ウリノキ

ウリノキ(ミズキ)科

山地に生える、落葉低木。樹高は3～4m。葉は互生し、葉裏は密に軟毛がある。葉身は円形で3～5浅裂する。長さ7～20cm、全縁で、長鋭尖頭。花は6月、葉腋に白色の花を数個つける。花弁は6個、長さ約3cm。先は外側に巻き込む。果実は楕円形で、長さ7～8mm、藍色に熟す。和名は葉がウリに似ることに由来する。

• 県内・各地の山地に分布する。 • 全国・北海道、本州、四国、九州 • 写真・小山町下谷

ミズキ

ミズキ科

山地に生える、落葉高木。樹高は10～15m。枝を車状に広げ、階段状につく。樹皮は灰褐色、枝は紅色。葉は互生し、裏面は白味を帯びる。葉身は楕円形で、長さ5～15cm、全縁で、短鋭尖頭。花は5～6月、枝先に白色の小さな花を多数つける。花弁は4個。果実は球形で、径6～7mm、黒紫色に熟す。材は細工に用いる。和名は樹液が多く、早春に枝を切ると水が滴ることに由来する。

• 県内・各地の山地に分布する。 • 全国・北海道、本州、四国、九州 • 写真・浜松市浜北森林公園

クマノミズキ

ミズキ科

山地に生える、落葉高木。樹高は10～15m。樹皮は灰緑色、枝に縦の稜がある。葉は対生し、裏面はやや白色を帯びる。葉身は狭楕円形で、長さ5～15cm、全縁で、短鋭尖頭。花は6～7月、枝先に黄白色の小さな花を多数つける。花弁は4個。果実は球形で、径約5mm。黒紫色に熟す。ミズキは葉が互生し、枝は円く紅色を帯び、花期は1月ほど早いので区別できる。和名は和歌山県熊野に因む。

• 県内・各地の山地に分布する。 • 全国・本州、四国、九州 • 写真・浜松市引佐

ヤマボウシ

ミズキ科

山地に生える、落葉高木。樹高は5〜10m。枝は水平に広がる。葉は対生し、葉身は楕円形で、長さ4〜12cm、全縁で、鋭尖頭。側脈は湾曲する。裏面の脈腋に黄褐色の毛がある。花は6〜7月、20〜30個の白色の小花が集まり、球形になる。花弁は4個、緑黄色で、長さ約2.5mmと小さい。白色で花弁状、長さ3〜6cmの4個の大きな苞が目立つ。果実は多数の実が集まり球形で、径1〜1.5cm、赤色に熟し、食べられる。和名は山法師で、花の集まりを坊主頭に白い苞を頭巾に見立てた。

• 県内・各地の山地に分布する。 • 全国・本州、四国、九州、琉球 • 写真・掛川市小笠山

ハナイカダ

ミズキ(ハナイカダ)科

低地から山地に生える、落葉低木。雌雄異株。樹高は1〜3m。葉は互生し、葉身は倒卵形で、長さ5〜15cm、鋸歯があり、鋭尖頭。花は5月、葉の表面、中肋上に淡緑色の小さな花をつける。雄花は数個、雌花は1〜3個つく。果実は球形で、径約1cm、黒色に熟す。コバノハナイカダは葉の長さが3〜7cmと小さい。和名は葉を筏に、果実を船頭に見立た。

• 県内・各地の低地から山地に分布する。 • 全国・北海道、本州、四国、九州 • 写真・富士宮市朝霧高原

アオキ

ミズキ(アオキ)科

山地に生える、常緑低木。雌雄異株。樹高は1～2m。葉は対生し、革質で光沢があり、乾くと黒色になる。葉身は長楕円形で、長さ10～20cm、鋸歯があり、鋭尖頭。花は3～5月、枝先に、緑色または紫褐色の花を、円錐状に多数つける。花弁は4個、径8～10mm。雄花の花穂は大きく、雌花の花穂は小さい。果実は楕円形で長さ15～20mm、赤色に熟す。葉は民間薬に用いる。園芸品種も多く、庭園や公園に植栽される。和名は全体が緑色なので名付けられた。

• 県内·各地の山地に分布する。 • 全国·本州、四国 • 写真·掛川市小笠山

ヤツデ

ウコギ科

平地から低地に生える、常緑低木。樹高は2～3m。葉は互生し、葉身は円形で、長さ10～30cm、5～9深裂し、鋸歯があり、先端は尖る。花は10～12月、枝先に多数の白色の花を、球状に分散してつける。萼は鐘形、花弁は白色で5個。果実は球形で、径約5mm、黒色に熟す。園芸品種も多く、庭園や公園などに植栽される。和名は葉の切れ込む様子からつけられた。切れ込みは8つのような偶数ではなく奇数になる。

• 県内·各地の平地から低地に分布する。 • 全国·本州、四国、九州 • 写真·掛川市小笠山

オカウコギ

ウコギ科

山地に生える、落葉低木。雌雄異株。樹高は1mほどになる。枝に鋭い扁平な刺がある。葉は長枝では互生し、短枝では束生する。掌状複葉で、葉身は5個の小葉からなる。小葉は倒披針形で、長さ2〜3cm、欠刻状鋸歯があり、先端は尖る。花は5月、短枝の先に、多数の小さな黄緑色の花をつける。萼は狭鐘形で先端は5裂、花弁は5個。果実は球形で、径約5mm、黒紫色に熟す。ケヤマウコギは、全体に灰褐色の毛が密生し、短枝を出さない。

• 県内・各地の山地に分布する。 • 全国・本州(関東、中部、紀伊) • 写真・掛川市小笠山

コシアブラ

ウコギ科

山地に生える、落葉高木。樹高は10〜20m。樹皮は灰褐色。葉は互生し、掌状複葉、小葉は5個、卵状楕円形で、長さ10〜20cm、鋸歯があり、先端は尖る。花は8月、枝の先に、淡黄緑色の小さな花を多数つける。萼は鐘形、花弁は5個。果実は扁球形で、径約5mm、黒紫色に熟す。和名は樹脂を塗装用に用いたことに由来する。別名ゴンゼツノキで、ごんぜつ(金漆)は漆の名称。

• 県内・各地の山地に分布する。 • 全国・北海道、本州、四国、九州 • 写真・静岡市井川

ハリギリ

ウコギ科

山地に生える、落葉高木。樹高は10～25m。樹幹は暗褐色で、粗い裂け目と多数の刺がある。葉は互生し、掌状で、7～9浅裂から中裂する。鋸歯があり、鋭尖頭。葉の裏面には毛がある。花は7～8月、枝の先に黄緑色の小さな花を球形に、分散して多数つける。萼筒は鐘形、花弁は5個。果実は球形で、径約5mm、青黒色に熟す。材は下駄や器具などに用いる。和名は刺のある桐の意味である。別名センノキ。

- 県内・各地の山地に分布する。 • 全国・北海道、本州、四国、九州 • 写真・沼津市大瀬崎

タカノツメ

ウコギ科

山地に生える、落葉高木。樹高は5～15m。樹皮は灰色で平滑。葉は互生し、3出複葉、小葉は3個、長楕円形、長さ5～15cm、全縁で、先端は尖る。花は5～6月、短枝の先に黄緑色の小さな花を球状に分散して、多数つける。花弁は5個。果実は球形で、長さ5～6mm、黒色に熟す。和名は冬芽の形が鳥のタカ（鷹）の爪に似ることに由来する。別名イモノキは材がイモのように柔らかいのでつけられた。

- 県内・伊豆と東部は希、他の地域は各地の山地に分布する。 • 全国・北海道、本州、四国、九州
- 写真・浜松市浜北森林公園

カクレミノ

ウコギ科

山地に生える、常緑小高木。樹高は5〜10m。樹皮は灰褐色で平滑。全株無毛。葉は互生し、革質で光沢がある。葉身は卵円形、若枝では3〜5裂し、老木は単葉。花は6〜7月、枝先に黄緑色の小さな花を球状に、分散し多数つける。萼筒は鐘形、花弁は5個。果実は楕円形で、長さ約1cm、黒色に熟す。和名は葉の形を蓑に例えた。

• 県内・各地の山地に分布する。 • 全国・本州、四国、九州、琉球 • 写真・浜松市市内

キヅタ

ウコギ科

低地から山地に生える、常緑つる性木本。無数の気根を出し、樹木や岩上をはって広がる。葉は互生し、厚くて硬い。葉身は卵円形で先端は3〜5浅裂する。長さ3〜7cm、全縁で、先端は尖る。花は10〜11月、小枝の先に、黄緑色の小さな花を、球形に分散し多数つける。萼筒は鐘形、花弁は5個。果実は球形で、径6〜8mm、黒色に熟す。和名はブドウ科のツタ(ナツヅタ)に対比した名称。別名フユヅタはツタに対し、常緑のツタの意味。

• 県内・各地の低地から山地に分布する。 • 全国・北海道、本州、四国、九州、琉球 • 写真・掛川市市内

タラノキ

ウコギ科

低地から山地に生える、落葉低木。樹高は3〜5m。茎に多数の鋭い刺がある。葉は互生し、枝先にまとまってつく。2回羽状複葉で、長さ50〜100cm。小葉は5〜9個、卵形で、長さ5〜10cm、鋸歯があり、先端は尖る。花は8月、枝先に白色の花を、円錐状に多数つける。萼は鐘形、花弁は5個。果実は球形で、径約3mm、黒色に熟す。若葉を食用にする。メダラは刺が少ないかない。

• 県内·各地の低地から山地に分布する。 • 全国·北海道、本州、四国、九州 • 写真·袋井市小笠山

被子植物
合弁花類

リョウブ

リョウブ科

山地に生える、落葉小高木。樹高は3～7m。樹幹は樹皮がはがれて茶褐色になる。葉は互生し、葉身は広披針形で、長さ6～15cm、鋸歯があり、先端は尖る。葉裏は毛が密生する。花は7～8月、枝先に穂状に白色の小さな花を多数つける。花は径5～6mmで、先端は5裂する。果実は球形で、径3～5mm、褐色に熟す。材は建築、器具に用いる。庭園や公園に植栽される。

• 県内･各地の山地に分布する。 • 全国･北海道、本州、四国、九州 • 写真･富士宮市田貫湖

ホツツジ

ツツジ科

山地に生える、落葉低木。樹高は1～2m。葉は互生し、葉身は楕円形で、長さ2～6cm、全縁で、鋭頭。裏面は淡緑色で、主脈に毛がある。花は8～9月、枝先に花穂を出し、赤味を帯びた、白色の花を、多数つける。花は径10～15mm、3深裂し、先端は反り返る。雄しべは6本。果実は球形で、径約3mm。和名は花が穂状につくことに由来する。

• 県内･伊豆を除く、山地に分布するが少ない。 • 全国･北海道、本州、四国、九州 • 写真･小山町三国山

ヒカゲツツジ

ツツジ科

山地に生える、常緑低木。樹高は1～2m。葉は互生し、葉身は披針形で、長さ4～8cm、全縁で、先端は尖る。両面には円形の鱗片毛がある。花は4～5月、枝先に2～4個の花を横向きにつける。萼は5浅裂、花はろう斗形で5中裂、淡黄色で、径4～5cm。雄しべ10本。果実は筒形で、長さ1～1.5cm。和名は谷沿いなど、日陰に生えることに由来する。

• 県内・各地の山地に分布するが少ない。 • 全国・本州、四国、九州 • 写真・掛川市小笠山

バイカツツジ

ツツジ科

山地に生える、落葉低木。樹高は1～2m。若枝、葉柄、花柄に腺毛と毛がある。葉は互生し、葉身は楕円形で、長さ3～5cm、鋸歯があり、先端は尖る。葉の表面には毛が散生し、裏面の脈上に腺毛がある。花は6～7月。萼は5浅裂、花は浅いろう斗形で5裂、白色で、上側内面に赤色の斑点があり、径約2cm。雄しべは5本。果実は卵形で、長さ約4mm、褐色の腺毛がある。和名は花がウメに似ることに由来する。

• 県内・伊豆を除く、各地の山地に分布する。 • 全国・北海道、本州、四国、九州 • 写真・浜松市水窪

モチツツジ

ツツジ科

低地に生える、半常緑低木。樹高は1～2m。枝、葉柄、花柄に開出した長毛と腺毛がある。葉は互生し、長毛と腺毛がある。葉身は楕円形で、長さ3～8cm、先端は尖る。花は4～5月、枝先に2～5個の花をつける。萼片は5個、長披針形で尖り、腺毛が密生し粘る。花はろう斗形で5中裂、紅紫色で、径約5cm。雄しべは5本。果実は長楕円形で、長さ約1cm。多くの園芸品種があり植栽される。和名は萼などが粘ることに由来する。

• 県内・各地の低地に分布する。 • 全国・本州、四国 • 写真・掛川市小笠山

ヤマツツジ

ツツジ科

低地から山地に生える、半常緑低木。樹高は1～3m。若枝や葉柄に褐色の毛がある。葉は互生し、葉身は楕円形で、長さ2～5cm、鋭頭。花は4～6月、枝先に1～3個の花をつける。萼片は5個、卵形で鈍頭、粘らない、花はろう斗形で5中裂、朱赤色で、径3～5cm。雄しべは5本。果実は長卵形で、長さ約7mm。多くの園芸品種があり植栽される。ムラサキヤマツツジは花が紅紫色、県東部に分布する。

• 県内・各地の低地から山地に分布する。 • 全国・北海道、本州、四国、九州 • 写真・牧之原市牧之原

ミヤコツツジ

ツツジ科

低地に生える、半常緑低木。樹高は1〜3m。葉は互生し、葉身は楕円形で、長さ3〜6cm、鋭頭。花は4月、枝先に1〜5個の花をつける。萼片は5個、披針形。花はろう斗形で5中裂する。濃紅紫色で、径4〜5cm。雄しべは5本。ヤマツツジとモチツツジの雑種で、花の色や萼片に、両者の中間の形質が顕著に表れる。萼片は粘らない。

• 県内・中部と西部各地の低地に分布する、他の地域は少ない。 • 全国・本州、四国 • 写真・浜松市浜北森林公園

アシタカツツジ

ツツジ科

山地に生える、半常緑低木。樹高は1〜5m。枝や葉柄に淡褐色の毛がある。葉は互生し、葉身は長楕円形で、長さ2〜5cm、鋭頭。花は6〜7月、枝先に2〜4個の花をつける。萼片は5個、卵形で鈍形。花はろう斗形で5中裂、紅紫色で、径2〜3cm。雄しべは6〜9本。果実は長卵形で、長さ約9mm。ヤマツツジに比べると、花はやや小さく、雄しべが多い。静岡県固有種。絶滅危惧種(国)

• 県内・東部の山地に分布する。 • 全国・本州(静岡) • 写真・裾野市十里木

オオヤマツツジ

ツツジ科

低地に生える、半常緑低木。樹高は1～3m。若枝や葉柄に褐色の毛がある。葉は互生し、葉身は楕円形で、長さ2～5cm、鋭頭。花は4～5月、枝先に2～3個の花をつける。萼片は5個、卵形から披針形。花はろう斗形で5中裂、紅紫色で変化が多く、径5～6cm。雄しべは6～9本。果実は長楕円形で、長さ約1cm。ヤマツツジより花は大きく、雄しべが多い。ヤマツツジと栽培ツツジの雑種と思われる。園芸品種があり植栽される。絶滅危惧種(県)。

• 県内・東部を除く、低地に分布するが少ない。 • 全国・本州(関東、中部) • 写真・掛川市小笠

ウンゼンツツジ

ツツジ科

山地に生える、半常緑低木。樹高は1～2m。若枝や葉柄に褐色の毛がある。葉は互生し、葉身は長楕円形で、長さ5～10mm、鋭頭。花は4～5月、枝先に1個の花をつける。萼は5浅裂、花は、広ろう斗形で5中裂、淡紅紫色で、径約1.5cm。雄しべは5本。果実は長楕円形で、長さ約5mm。和名には長崎県雲仙岳の名前がつけられているが雲仙には自生はない。静岡県は分布の北東限自生地。

• 県内・伊豆各地の山地に分布する。 • 全国・本州、四国、九州 • 写真・河津町天城山

サツキツツジ

ツツジ科

山地の渓流沿いに生える、半常緑低木。樹高は50～100cm。若枝や葉柄に褐色の毛がある。葉は互生し、葉身は披針形で、長さ1～3cm、鋭頭。花は5～6月、枝先に1～2個の花をつける。萼片は5個、花はろう斗形で5中裂、朱赤色で、径3～4cm。雄しべは5本。果実は長楕円形で、長さ約8mm。多くの園芸品種があり植栽される。和名は陰暦の皐月に花が咲くことに由来する。別名サツキ。

• 県内・伊豆を除く、各地の山地に分布する。 • 全国・本州、九州 • 写真・浜松市佐久間

シブカワツツジ

ツツジ科

山地に生える、落葉低木。樹高は1～5m。枝や葉柄に淡褐白色の毛がある。葉は枝先に3個輪生する。葉身は菱形状円形で、幅4～6cm、先端は短く尖る。花は5月、花芽に白軟毛が多い。枝先に2～3個の花をつける。葉より後に花が開く。萼は5浅裂、花はろう斗形で5中裂、濃紅紫色で、径3～4cm。雄しべは10本。果実は円柱形で、長さ約1cm、長毛が密生する。和名は産地浜松市渋川に由来する。絶滅危惧種（国）。静岡県は分布の東限自生地。

• 県内・西部の蛇紋岩地に分布する。 • 全国・本州（愛知、静岡） • 写真・浜松市渋川

アマギツツジ

ツツジ科

山地に生える、落葉低木。樹高は3〜6m。枝や葉柄に褐色の毛がある。葉は枝先に3個輪生する。葉身は菱形状円形で、幅4〜9cm、先端は短く尖る。花は6〜7月、枝先に2〜3個の花をつける。葉より後に花が開く。ミツバツツジの仲間では、最も花期が遅い。萼は5浅裂、花はろう斗形で5中裂、朱赤色で、径4〜5cm。雄しべは10本。果実は円柱形で、長さ約2cm、長毛が密生する。和名は産地、天城山に由来する。絶滅危惧種(国)。伊豆固有種。

• 県内・伊豆各地の山地に分布する。 • 全国・本州(静岡) • 写真・伊豆市天城山

ミツバツツジ

ツツジ科

山地に生える、落葉低木。樹高は2〜3m。葉は枝先に3個輪生する。葉身は菱形状円形で、幅3〜5cm、先端は短く尖る。葉は無毛。花は4月、枝先に2〜3個の花をつける。葉が出る前に花が開く。萼は5浅裂。花はろう斗形で5中裂、紅紫色で、径3〜4cm。雄しべは5本。果実は円柱形で、長さ約9mm、腺点が散生する。庭園や公園に植栽される。県内のミツバツツジで、雄しべ5本は本種のみである。

• 県内・各地の山地に分布する。 • 全国・本州(関東、中部) • 写真・富士宮市朝霧高原

トウゴクミツバツツジ

ツツジ科

山地に生える、落葉低木。樹高は2～3m。葉は枝先に3個輪生する。葉身は菱形状円形で、幅3～5cm、先端は短く尖る。新葉は葉面に長毛が散生し、裏面中肋には白毛が密生する。花は4～5月、枝先に1～2個の花をつける。葉が出る前か同時に花が開く。萼は5浅裂、花はろう斗形で5中裂、紅紫色で、径3～4cm。雄しべは10本。花柱下部に腺状の毛がある。果実は円柱形で、長さ約1cm、褐色の長毛が密生する。和名は関東山地に多いので名付けられた。

• 県内・各地の山地に分布する。 • 全国・本州（東北から近畿） • 写真・伊豆市八丁池

コバノミツバツツジ

ツツジ科

低地に生える、落葉低木。樹高は2～3m。葉は枝先に3個輪生する。葉身は菱形状円形で、幅2～3cm、先端は短く尖る。新葉は淡褐色の長毛が密にある。成葉では、毛は少なくなり、中肋にやや密生する。花は4月、枝先に1～2個の花をつける。葉が出る前か同時に花が開く。萼は5浅裂、花はろう斗形で5中裂、紅紫色で、径約3cm。雄しべは10本。花柱は無毛。果実は太い円柱形で、長さ約1cm、褐色と灰白色の長毛が密生する。若葉に褐色の毛が多いので、他の類似種と区別できる。静岡県は分布の東限自生地。

• 県内・西部各地の低地に分布する。 • 全国・本州、四国、九州 • 写真・牧之原市牧之原

キヨスミミツバツツジ

ツツジ科

山地に生える、落葉低木。樹高は2～3m。葉は枝先に3個輪生する。葉身は菱形状円形で、幅2～3cm、先端は短く尖る。新葉は長毛があるが後に無毛、裏面の中肋下部にやや密生に残る。花は4月、枝先に1個の花をつける。萼は5浅裂、花はろう斗形で5中裂、紅紫色で、径約3cm。雄しべは10本。花柱は無毛。果実は円柱形で、長さ約1cm、褐色と白色の長毛が密生する。コバノミツバツツジとは、葉裏の毛は、主脈の下部にのみに残るので、区別できる。

• 県内・各地の山地に分布する。 • 全国・本州（関東から紀伊） • 写真・掛川市小笠山

レンゲツツジ

ツツジ科

山地の草原に生える、落葉低木。樹高は1～2m。葉は互生し、葉身は長楕円形で、長さ4～8cm、先端は尖る。花は5月、枝先に2～8個の花をつける。萼片は5個、花はろう斗形で5中裂、朱橙色で、径5～6cm。雄しべは5本。果実は円柱形で、長さ約2～3cm、剛毛がある。キレンゲツツジは花が黄色。庭園や公園に植栽される。

• 県内・東部は各地の山地、西部はまれにある。 • 全国・本州、四国、九州 • 写真・富士宮市朝霧高原

アカヤシオ

ツツジ科

山地に生える、落葉小高木。樹高は2〜6m。葉は枝先に5個輪生する。葉身は広楕円形で、長さ2〜5cm、先端は尖る。花は4〜5月、枝先に1個の花を下向きにつける。花は葉の出る前に開く。萼片は5個、花は鐘形で5中裂、淡紅紫色で、径約5cm。雄しべは10本。果実は円柱形で、長さ1.5〜2cm。別名ゴヨウツツジ。

• 県内・伊豆を除く、山地に分布するが少ない。 • 全国・本州(東北から紀伊) • 写真・浜松市岩岳山

シロヤシオ

ツツジ科

山地に生える、落葉小高木。樹高は2〜6m。葉は枝先に5個輪生する。葉身は広楕円形で、長さ2〜5cm、先端は尖る。花は4〜5月、枝先に1〜2個の花を下向きにつける。花は葉と同時に開く。萼片は5個、花は広ろう斗形で5中裂、白色で、径3〜4cm。雄しべは10本。果実は円柱形で、長さ1〜1.5cm。別名ゴヨウツツジ。

• 県内・伊豆を除く、各地の山地に分布する。 • 全国・本州、四国 • 写真・浜松市岩岳山

アマギシャクナゲ

ツツジ科

山地に生える、常緑小高木。樹高は2〜6m。葉は革質で互生し、葉身は長楕円形で、長さ5〜15cm、全縁で、先端は尖る。若葉の表面の毛は白色。成葉の裏面は淡褐色の毛が密生する。花は6月、枝先に多数の花がつく。花はろう斗形で5中裂、6〜7裂を交える。紅紫色で、径4〜5cm。雄しべは10本。果実は円柱形で、長さ1.5〜2cm、褐色の毛が密にある。キョウマルシャクナゲは西部の山地にあり、若葉の表面の毛は黄褐色。伊豆固有種。

• 県内・伊豆の山地に分布するが少ない。 • 全国・本州(伊豆) • 写真・伊豆市天城山

エンシュウシャクナゲ

ツツジ科

山地に生える、常緑低木。樹高は1〜2m。葉は革質で互生し、葉身は狭長楕円形で、長さ10〜15cm、全縁で、先端は尖る。葉の表面は無毛、裏面は淡褐色で、綿毛状の枝状毛が密生する。花は4〜5月、枝先に数個の花がつく。花はろう斗形で5中裂、紅紫色で、径4〜5cm。雄しべは10本。果実は円柱形で、長さ1〜1.5cm、褐色の毛がやや密にある。別名ホソバシャクナゲ。絶滅危惧種(国)。静岡県は分布の東限自生地。

• 県内・西部の山地に分布するが少ない。 • 全国・本州(静岡、愛知) • 写真・浜松市龍山

ハクサンシャクナゲ

ツツジ科

山地に生える、常緑低木。樹高は1〜2m。葉は革質で互生し、葉身は長楕円形で、長さ5〜15cm、全縁で、縁は裏面に巻き込み、先端は尖る。裏面は淡褐色。花は7月、枝先に多数の花がつく。花はろう斗形で5中裂、白色で紅紫色を帯び、径3〜4cm。雄しべは10本。果実は円柱形で、長さ1.5〜2cm、褐色の毛が散生する。和名は加賀の白山に由来する。

• 県内・伊豆を除く山地にあるが少ない。 • 全国・北海道、本州、四国 • 写真・富士山表口御中道

ウスギヨウラク

ツツジ科

山地に生える、落葉低木。樹高は1〜2m。葉は互生し、葉身は長楕円形で、長さ2〜5cm、縁に長毛があり、先端は尖る。裏面は白味を帯びる。花は5〜6月、枝先に3〜7個の花を束生する。花は筒形で先は5裂、淡黄緑色で、紅葉色を帯び、長さ12〜15mm。雄しべは10本。果実は球形で、長さ約5mm。別名ツリガネツツジ。和名の瓔珞(ヨウラク)は仏具の飾りのこと。県内のは花柄に長い腺毛があり、ケナガウスギヨウラクとして区別することもある。

• 県内・各地の山地に分布する。 • 全国・本州、四国 • 写真・浜松市佐久間

ドウダンツツジ

ツツジ科

山地に生える、落葉低木。樹高は1～2m。葉は互生し、葉身は倒卵形で、長さ2～4cm、鋸歯があり、先端は尖る。花は4月、枝先に数個の花を下垂する。花はつぼ形で先は5裂、白色で、長さ約8mm。雄しべは10本。果実は長楕円形で、長さ約7mm、上を向いてつく。庭園や公園に植栽される。和名は灯台ツツジの意味である。蛇紋岩地に多い。

• 県内・各地の山地に分布する。 • 全国・本州、四国、九州 • 写真・島田市千葉山

サラサドウダン

ツツジ科

山地に生える、落葉低木。樹高は2～5m。葉は互生し、葉身は倒卵形で、長さ2～5cm、鋸歯があり、鋭頭。花は6月、枝先に多数の花を下垂する。花は鐘形で先は5裂、下部は黄白色で、紅色の縦の条があり、上部は淡紅色、長さ10～15mm、下向きに開く。雄しべは10本。果実は楕円形で、長さ約5～7mm、上を向いてつく。庭園や公園に植栽される。和名は花の模様を更紗染（サラサゾメ）の模様に例えた。

• 県内・各地の山地に分布する。 • 全国・北海道、本州、四国 • 写真・小山町足柄

チチブドウダン

ツツジ科

山地に生える、落葉低木。樹高は1～3m。葉は互生し、葉身は倒卵形で、長さ2～3cm、鋸歯があり、鋭頭。花は5月、枝先から5～10個の花を下垂する。花は広鐘形で先はふぞろいに細裂し、朱紅色で、長さ3～6mm。雄しべは10本。果実は球形で、長さ約4～5mm、上を向いてつく。庭園や公園に植栽される。

• 県内・各地の山地に分布する。 • 全国・本州（関東から近畿） • 写真・裾野市十里木

コアブラツツジ

ツツジ科

山地に生える、落葉低木。樹高は1～2m。若枝、葉柄、花柄に毛は少ない。葉は互生し、光沢がある、葉身は倒卵形で、長さ1～2.5cm、鋸歯があり、先端は尖る。花は5～6月、枝の先に3～9個の花を下垂する。花はつぼ形で先は5浅裂、緑白色で、長さ3～4mm。雄しべは10本。果実は球形で、長さ約2mm、下垂する。和名はアブラツツジに似て、葉に光沢があり、果実が小さいので名付けられた。アブラツツジは県内に分布しない。

• 県内・各地の山地に分布する。 • 全国・本州、四国 • 写真・掛川市小笠山

ハナヒリノキ

ツツジ科

山地に生える、落葉低木。樹高は1〜2m。葉は互生し、葉身は楕円形で、長さ2〜8cm、毛状の鋸歯があり、鋭頭。花は7〜8月、枝の先に、多数の花を下向きにつける。花はつぼ形で先は5浅裂、淡緑色で、長さ約4mm。雄しべは10本。果実は扁球形で、長さ約5mm、上を向いてつく。有毒植物。和名のハナヒリはくしゃみのことで、葉の粉末を鼻に入れるとくしゃみが出ることに由来する。

• 県内·山地に分布するが少ない。 • 全国·北海道、本州 • 写真·小山町須走口

アセビ

ツツジ科

山地に生える、常緑低木。樹高は2〜3m。葉は革質で互生し、葉身は披針形で、長さ3〜8cm、鋸歯があり、鋭頭。花は4〜5月、枝先から多数の花を下垂する。花はつぼ形で先は5浅裂、白色で、長さ6〜7mm。雄しべは10本。果実は扁球形で、径約5mm、上を向いてつく。庭園や公園に植栽される。有毒植物。馬が葉を食べると苦しむので、馬酔木の名がある。

• 県内·各地の山地に分布する。 • 全国·本州、四国、九州 • 写真·掛川市市内

ネジキ

ツツジ科

山地に生える、落葉小高木。樹高は3～5m。葉は互生し、葉身は卵状楕円形で、長さ6～10cm、全縁で、鋭頭。花は6月、枝先から花穂を出し、多数の花を下向きにつける。花は筒形で先は5浅裂、白色で、長さ8～10mm。雄しべは10本。果実は球形で、径約3mm、上を向いてつく。和名は幹がねじれていることに由来する。

• 県内・各地の山地に分布する。 • 全国・本州、四国、九州 • 写真・浜松市浜北森林公園

スノキ

ツツジ科

山地に生える、落葉低木。樹高は1～2m。葉は互生し、葉身は楕円形で、長さ2～4cm、鋸歯があり、鋭頭。花は4～5月、葉腋に2～3個の花を下向きにつける。花は鐘形で先は5浅裂、黄緑色で淡紅色の条が入り、長さ5mm。雄しべは10本。果実は球形で、稜はなく、径約6～8mm、黒色に熟す。和名は葉に酸味があることに由来する。別名コウメは酸味のある果実を梅の実に例えた。

• 県内・各地の山地に分布する。 • 全国・本州（関東、中部） • 写真・磐田市豊岡

ウスノキ

ツツジ科

山地に生える、落葉低木。樹高は1mほどになる。葉は互生し、葉身は楕円形で、長さ2～3cm、鋸歯があり、鋭頭。葉に酸味は少ない。花は4～5月、葉腋に1～2個の花を下向きにつける。花は鐘形で先は5浅裂、黄緑色で淡紅色の条があり、長さ6～7mm。雄しべは10本。果実は卵状球形で、5稜があり、径約7～8mm、赤色に熟す。スノキは果実に5稜はなく、黒色に熟す。県内のは葉が小さく、コウスノキに区分することもある。別名カクミノスノキ。

- 県内・伊豆を除く、各地の山地に分布する。 • 全国・北海道、本州、四国、九州 • 写真・掛川市小笠山

ナツハゼ

ツツジ科

山地に生える、落葉低木。樹高は2～5m。葉は互生し、葉の縁や両面に毛がある。葉身は卵状楕円形で、長さ4～6cm、全縁で、鋭頭。花は5～6月、枝先から花穂を出し、多数の花を下向きにつける。花は鐘形で、先は5浅裂、淡黄赤褐色、長さ4～5mm。果実は球形で、径約6～7mm、黒褐色に熟す。

- 県内・伊豆を除く、各地の山地に分布する。 • 全国・北海道、本州、四国、九州 • 写真・浜松市浜北森林公園

シャシャンボ

ツツジ科

平地から低地に生える、常緑低木。樹高は2〜3m。葉は革質で互生し、葉身は楕円形で、長さ3〜6cm、鋸歯があり、鋭頭。花は7月、葉腋から花穂を出し、多数の花を下向きにつける。花は白色で長鐘形、先は5浅裂、長さ約5〜7mm。雄しべは10本。果実は球形で、径約6mm、黒紫色に熟す。酸味があり食べられる。和名は小小ん坊(ササンボ)のことで、果実が丸く小さいので名付けられた。

• 県内･各地の平地から低地に分布する。 • 全国･本州、四国、九州、琉球 • 写真･御前崎市浜岡

コケモモ

ツツジ科

山地から高山に生える、常緑低木。樹高は5〜15cm。葉は互生し、革質で、光沢がある。葉身は長楕円形で、長さ1〜3cm、全縁で、先端は円形。花は6〜7月、枝の先に、3〜8個の花を下向きにつける。花は鐘形、白色で赤味を帯び、先は4裂、長さ6〜7mm。雄しべは8本。果実は球形で、径約5〜7mm、赤色に熟す。酸味があり食べられる。ジャムや果実酒などを作るのに用いられる。

• 県内･伊豆を除く、各地の山地から高山に分布する。 • 全国･北海道、本州、四国、九州 • 写真･富士山表口御中道

イズセンリョウ

ヤブコウジ(サクラソウ)科

低地から山地に生える、常緑低木。雌雄異株。樹高は1mほどになる。葉は互生し、葉身は長楕円形で、長さ5～15cm、鋸歯があり、先端は尖る。花は4～5月、葉腋に黄白色の花を多数つける。花は鐘形で先端は5浅裂し、長さ約5mm。雄しべは5本。果実は球形で、径約5mm、乳白色に熟す。和名は伊豆に多いことに由来する。

• 県内・各地の低地から山地に分布する。 • 全国・本州、四国、九州、琉球 • 写真・牧之原市牧之原

ツルコウジ

ヤブコウジ(サクラソウ)科

低地に生える、常緑低木。樹高は10～15cm。下部は茎が地上を長くのびる。葉は4～5個が集まり、輪生状につく。葉身は楕円形で、長さ2～3cm、鋸歯があり、先端は尖る。両面に軟毛が多い。花は5～6月、鱗片葉の腋から花柄を出し、白色の花を下向きにつける。花は広鐘形で5深裂、径約7mm、雄しべは5本。果実は球形で、径約5mm、赤色に熟す。ヤブコウジは茎は直立し、茎、葉柄、花柄に短い粒状の毛はあるが多細胞の長毛はない。

• 県内・各地の低地に分布する。 • 全国・本州、四国、九州、琉球 • 写真・御前崎市浜岡

マンリョウ

ヤブコウジ(サクラソウ)科

平地から低地に生える、常緑低木。樹高は30〜100cm。葉は互生し、革質で、光沢がある。葉身は長楕円形で、長さ7〜15cm、波状の鋸歯があり、先端は尖る。花は7月、枝の先に白色の花をつける。花は浅い皿形で5深裂し、径約8mm。雄しべは5本。果実は球形で、径約7mm、赤色に熟し下垂する。果実が白色に熟すシロミノマンリョウ、黄色に熟すキミノマンリョウがある。多くの園芸品種があり、観賞用に植栽される。

• 県内·各地の平地から低地に分布する。 • 全国·本州、四国、九州、琉球 • 写真·掛川市市内

カラタチバナ

ヤブコウジ(サクラソウ)科

山地に生える、常緑低木。樹高は20〜100cm。葉は互生し、革質で、光沢がある。葉身は披針形で、長さ8〜20cm、波状の鋸歯がある。先端は細く尖る。花は7月、葉腋から花柄を出し、白色の花をつける。花は皿形で5深裂し、径約8mm。雄しべは5本。果実は球形で、径6〜7mm、赤色に熟す。果実が白色に熟すシロミノタチバナ、黄色に熟すキミノタチバナがある。多くの園芸品種があり、観賞用に栽培される。

• 県内·各地の山地に分布する。 • 全国·本州、四国、九州、琉球 • 写真·掛川市小笠山

タイミンタチバナ

ヤブコウジ(サクラソウ)科

山地に生える、常緑小高木。雌雄異株。樹高は10mに達する。葉は革質で互生し、葉身は披針形で、長さ5〜15cm、全縁で、先端は鈍頭。花は4月、葉腋に緑白色で、赤味を帯びた花を多数つける。花は5裂、平開し、径3〜4mm、雄しべは5本。果実は球形で、径5〜7mm、紫黒色に熟す。和名は中国を原産地と思い、大明タチバナと名付けた。

• 県内・各地の山地に分布する。 • 全国・本州、四国、九州、琉球 • 写真・御前崎市浜岡

トキワガキ

カキノキ科

低地に生える、常緑小高木。雌雄異株。樹高は8〜10m。樹皮は黒色。葉は互生し、葉身は長楕円形で、長さ5〜10cm、全縁で、先端は尖り鈍頭。花は6月、鐘形で先端は4裂、淡黄色で、長さ7〜8mm、下向きにつく。雄花は葉腋に1〜2個、雌花は1個つく。果実は球形で、径約15〜20mm、黄色から暗褐色に熟す。和名は常緑なので、常盤柿と名付けた。別名クロカキは樹皮の色に由来する。静岡県は北東限自生地。

• 県内・中部と西部の低地に分布するが少ない。 • 全国・本州、四国、九州、琉球 • 写真・牧之原市牧之原

ヤマガキ

カキノキ科

低地から山地に生える、落葉高木。樹高は5〜15m。葉は互生し、葉身は広楕円形で、長さ5〜10cm、全縁で、先端は急に尖る。表面は主脈に毛があり、裏面は褐色の毛が密生する。花は6月。花は広鐘形で先端は4裂、黄緑色で、長さ約8mm。果実は扁球形で、径4〜8cm、黄赤色に熟す。栽培するカキの原種。カキに比べ果実は小さく、葉面の毛が多い。

• 県内・各地の低地から山地に分布する。 • 全国・本州、四国、九州 • 写真・牧之原市牧之原

オオバアサガラ

エゴノキ科

山地に生える、落葉小高木。樹高は6〜10m。葉は互生し、葉身は広楕円形で、長さ10〜20cm、鋸歯があり、先端は短く尖る。葉裏は白色で、多数の星状毛を密生する。花は6月、枝先に白色の花を、下向きに多数つける。花は5深裂し半開、長さ6〜7mm。雄しべは10本。果穂は垂れ下がる。果実は倒卵形で、長さ7〜8mm、淡褐色の毛を密生する。和名のアサガラ(麻殻)は、材が折れやすいのを麻の皮をはいだ茎に例えた。

• 県内・各地の山地に分布する。 • 全国・本州、四国、九州 • 写真・浜松市水窪自然林

エゴノキ

エゴノキ科

山地に生える、落葉小高木。樹高は7〜8m。樹皮は暗紫褐色、糸状にはがれる。葉は互生し、葉身は卵状長楕円形で、長さ5〜7cm、鋸歯があり、先端は尖る。花は5〜6月、小枝の先から、1〜数個の白色の花が垂れ下がる。花は杯状で5深裂、径2〜3cm。雄しべは多数。果実は卵状楕円形で、長さ約1cm、褐色に熟す。和名は果皮に毒成分があり、えぐ味があることに由来する。

• 県内・各地の山地に分布する。 • 全国・北海道、本州、四国、九州、琉球 • 写真・掛川市小笠山

コハクウンボク

エゴノキ科

山地に生える、落葉小高木。樹高は5〜8m。葉は互生し、葉身は広倒卵形で、長さ約5〜8cm、大形の鋸歯があり、先端は尖る。花は6月、小枝の先に8〜10個の白色の花が垂れ下がる。花はろう斗状鐘形で5裂、長さ1.5〜2cm。雄しべは10本。果実は卵円形で、長さ約1cm。褐色の硬い種子が1個入る。

• 県内・中部と西部各地の山地に分布する。 • 全国・本州、四国、九州 • 写真・浜松市岩岳山

サワフタギ

ハイノキ科

山地に生える、落葉低木。樹高は2〜3m。樹皮は灰褐色で、浅く縦に裂ける。葉は互生し、葉身は倒卵形で、長さ約3〜8cm、細かい鋸歯があり、先端は急に尖る。花は5〜6月、小枝の先に、白色の小さな花を多数つける。花は5深裂、径7〜8mm。雄しべは多数。果実は卵形で、長さ6〜7mm、藍青色に熟す。和名は沢の上に生え、沢をふさぐほど広がることを意味してる。

• 県内・山地に分布するが少ない。 • 全国・北海道、本州、四国、九州 • 写真・浜松市兵越峠

クロミノニシゴリ

ハイノキ科

低地に生える、落葉低木。樹高は3〜5m。樹皮は灰褐色、縦に細かく裂ける。葉は互生し、葉身は倒卵形で、長さ5〜10cm、鋸歯があり、先端は急に尖る。花は5〜6月、枝の先に、白色の小さな花を多数つける。花は5深裂、径6〜7mm。雄しべは多数。果実は卵球形で、長さ6〜7cm、黒色に熟す。別名シロサワフタギ。サワフタギに似ているが、果実が黒熟する。

• 県内・西部の低地に分布するが少ない。 • 全国・本州（中部以西） • 写真・湖西市湖西連峰

タンナサワフタギ

ハイノキ科

山地に生える、常緑小高木。樹高は3～7m。樹皮は灰色で、薄くはがれる。葉は互生し、葉身は広倒卵形で、長さ3～7cm、鋸歯は粗く、先端は尾状に尖る。花は6月、枝の先に、白色の小さな花を多数つける。花は5深裂、径6～7mm。雄しべは多数。果実は広卵形で、長さ6～7cm、藍黒色に熟す。サワフタギとは葉の形と果実の色で見分けられる。

- 県内・各地の山地に分布する。 ●全国・本州、四国、九州 ●写真・浜松市兵越峠

クロバイ

ハイノキ科

山地に生える、常緑高木。樹高は8～15m。樹皮は灰黒褐色で、白色の斑点がある。葉は互生し、葉身は広披針形で、長さ3～7cm、鋸歯があり、先端は尾状に尖る。花は5～6月、枝の先に、白色の小さな花を多数つける。花は5深裂、径約8mm。雄しべは多数。果実は狭卵形で、長さ6～7cm、紫黒色に熟す。葉を黄色の染料に、木灰は草木染の媒染剤に用いる。和名はハイノキの仲間で、樹皮が黒色なことに由来する。

- 県内・東部を除く、各地の山地に分布する。 ●全国・本州、四国、九州、琉球 ●写真・湖西市湖西連峰

ミミズバイ

ハイノキ科

低地に生える、常緑小高木。樹高は8〜10m。樹皮は暗赤褐色。葉は互生し、葉身は狭長楕円形で、長さ10〜15cm、全縁または浅い鋸歯があり、鋭頭。裏面は白色。花は7〜8月、葉腋に白色の小さな花を多数つける。花は5深裂、径約7mm。雄しべは多数。果実は卵状楕円形で、長さ10〜15mm、紫黒色に熟す。和名はハイノキの仲間で、果実の形がミミズの頭に似ることに由来する。

• 県内・中部と西部各地の低地に分布する。 • 全国・本州、四国、九州、琉球 • 写真・浜松市宮口

カンザブロウノキ

ハイノキ科

低地に生える、常緑高木。樹高は10mほどになる。樹皮は灰白色で平滑。葉は互生し、葉身は長楕円形で、長さ10〜15cm、鋸歯があり、鋭頭。花は8〜9月、葉腋に花穂を出し、白色の小さな花を多数つける。花は5深裂、径約8mm。雄しべは多数。果実はつぼ状球形で、長さ約5mm、暗紫色に熟す。静岡県は分布の東限自生地。

• 県内・中部と西部に分布するが少ない。 • 全国・本州、四国、九州、琉球 • 写真・牧之原市牧之原

マルバアオダモ

モクセイ科

山地に生える、落葉小高木。雌雄異株。樹高は5〜10m。葉は対生し、奇数羽状複葉で、長さ10〜20cm。小葉は2〜3対、広卵形で、長さ5〜8cm、鋸歯はあるが明確ではなく、鋭尖頭。花は4〜5月、枝の先に、白色の花を多数つける。花は4裂、花弁は線形で、長さ約6〜7mm。雄しべは2本。果実は披針形で、翼があり、長さ2〜3cm。別名ホソバアオダモ。アオダモなど類似種とは、小葉に明確な鋸歯がないので区別できる。

• 県内·各地の山地に分布する。 • 全国·北海道、本州、四国、九州 • 写真·浜松市浜北森林公園

イボタノキ

モクセイ科

平地から低地に生える、落葉低木。樹高は2〜3m。葉は対生し、長楕円形で、長さ2〜5cm、全縁で、鈍頭。花は6月、枝先に、白色の小さな花を多数つける。花は筒状で先端は4裂、長さ7〜10mm。雄しべは2本。果実は楕円形で、長さ約7mm、黒紫色に熟す。この仲間は、イボタロウムシがつき、イボタロウが採れる。沿海地には、葉が大形のオオバイボタが分布する。

• 県内·各地の平地から山地に分布する。 • 全国·北海道、本州、四国、九州 • 写真·牧之原市牧之原

ミヤマイボタ

モクセイ科

山地に生える、落葉低木。樹高は2～3m。葉は対生し、葉に毛がある。葉身は長楕円形で、長さ2～4cm、全縁で、鋭頭。花は6～7月、枝の先に、白色の小さな花を多数つける。花は筒状で先端は4裂、長さ約6～7mm。雄しべは2本。果実は球形で、径約8mm、黒紫色に熟す。イボタノキとは、高地に分布し、葉が鋭頭で、毛があるので区別できる。

• 県内・各地の山地に分布する。 • 全国・北海道、本州、四国、九州 • 写真・静岡市安倍峠

ネズミモチ

モクセイ科

平地から低地に生える、常緑小高木。樹高は2～6m。葉は対生し、革質で光沢がある。葉身は楕円形で、長さ4～8cm、全縁で、先は細まり鈍頭。花は6月、枝の先に円錐状に白色の小さな花を多数つける。花は筒状で先端は4裂、長さ約5mm。雄しべは2本。果実は楕円形で、長さ8～10mm、黒紫色に熟す。和名は葉はモチノキに似ていて、果実がネズミのふんの形なので名付けられた。庭園や公園に植栽される。

• 県内・各地の平地から低地に分布する。 • 全国・本州、四国、九州、琉球 • 写真・掛川市市内

トウネズミモチ

モクセイ科

市街地や低地に生える、常緑高木。樹高は10～15m。葉は対生し、葉身は卵状楕円形で、長さ4～10cm、全縁で、先は細まり尖る。花は6月、枝先に淡黄白色の小さな花を多数つける。花は筒状で先端は4裂、長さ3～4mm。雄しべは2本。果実は楕円形で、多数つき垂れ下がり、黒紫色に熟す。ネズミモチに比べ、全体に大形で、葉脈が透けて見える。中国原産、県内の分布は逸出である。公園などに植栽される。果実は漢方薬の女貞で強壮薬にする。

- 県内・各地の市街地や低地に逸出する。 • 全国・日本各地に逸出する。 • 写真・掛川市市内

ヒイラギ

モクセイ科

山地に生える、常緑小高木。雌雄異株。樹高は4～8m。葉は対生し、革質で光沢がある。葉身は楕円形で、長さ4～7cm、刺状の鋭い鋸歯が両側に1～3対出る。老樹では全縁になる。花は11～12月、葉腋に白色の小さな花を束生する。花は径約5mm、4深裂。雄しべは2本。果実は楕円形で、黒紫色に熟し、長さ12～15mm。庭園や公園に植栽される。和名は葉の刺に触れるとひいらぐ（痛い）のでつけられた。

- 県内・各地の山地に分布する。 • 全国・本州、四国、九州、琉球 • 写真・静岡市草薙

テイカカズラ

キョウチクトウ科

低地から山地に生える、常緑つる性木本。茎は付着根で樹木や岩をはい、長さ10mに達する。葉は対生し、革質で光沢がある。葉身は楕円形で、長さ3〜7cm、全縁で、先端は尖る。花は5〜6月、枝先や葉腋に白色で、後に黄色になる花を多数つける。細長い筒状で、長さ7〜8mm、先端は5裂し、裂片は回旋する。雄しべは5本。果実は細長い円柱形で、2個が対生し、長さ15〜20cm。種子には長い白毛が多数ある。ケテイカカズラは葉裏に毛が多い。

- 県内･各地の低地から山地に分布する。 • 全国･本州、四国、九州 • 写真･静岡市宇津の谷

カギカズラ

アカネ科

山地に生える、常緑つる性木本。曲がった刺を引っかけ、樹木などによじ登り、長さ10m以上になる。茎の断面は四角形で、枝は水平に広がる。葉は対生。葉身は卵形で、長さ5〜10cm、全縁で、先端は尖る。花は7月、葉腋に白緑色の花を球形につける。花は筒状で、長さ7〜8mm、筒部の先端は5裂する。雄しべは5本。果実は紡錘形で、径4〜5mm。種子に翼がある。和名は鉤(カギ)のあるつる植物のことである。

- 県内･東部を除く、各地の山地に分布するが少ない。 • 全国･本州、四国、九州 • 写真･牧之原市牧之原

クチナシ

アカネ科

山地に生える、常緑低木。樹高は1～2m。葉は対生し、光沢がある。葉身は長楕円形で、長さ5～15cm、全縁で先端は尖る。花は6～7月、枝先に白色の花が1個つく。花は高杯形、つぼみのときは、らせん状に巻く。筒部は約2cm、先端は通常6裂する、径約5～6mm、芳香がある。雄しべは6本。果実は楕円形で、長さ約3cm、6本の縦の稜があり、黄赤色に熟す。和名は裂開しない果実からつけられた。黄色の染料に用いる。静岡県は分布の東限自生地。

- 県内･東部を除く各地の山地に分布する。 ● 全国･本州、四国、九州、琉球 ● 写真･牧之原市牧之原

ルリミノキ

アカネ科

山地に生える、常緑低木。樹高は1～2m。葉は対生する。葉身は革質で長楕円形、長さ8～15cm、全縁で鋭頭。花は5月、葉腋に2～4個つき、ろう斗状で、先端は5裂し、内面に毛が多い、長さ約1cm。雄しべは5本。果実は球形で、径約6mm、濃青色に熟す。和名は果実の色に由来する。

- 県内･東部を除く、各地に分布するが少ない。 ● 全国･本州、四国、九州、琉球 ● 写真･浜松市細江

アリドオシ

アカネ科

山地に生える、常緑低木。樹高は30〜60cm。葉は対生する。葉身は卵円形、長さ1〜3cm、全縁で、鋭頭。針は長さ1〜2cm。花は5月、葉腋に白色の花が1〜2個つく。ろう斗状で先端は4裂し、長さ約1cm。雄しべは4本。果実は球形で、径4〜6mm、赤色に熟す。和名は鋭い針がアリを突き通すとして、名付けられた。ヒメアリドオシは葉が小さく長さ5〜10mm。

• 県内・各地の山地に分布する。 • 全国・本州、四国、九州 • 写真・掛川市市内

オオアリドオシ

アカネ科

山地に生える、常緑低木。樹高は30〜60cm。葉は光沢があり対生する。葉身は卵形で、長さ1〜5cm、全縁で鋭頭。針は長さ2〜10mm。花は5月、葉腋に白色の花が1〜2個つく。ろう斗状で先端は4裂し、長さ約1.5cm。雄しべは4本。果実は球形で、径約5mm、赤色に熟す。別名ジュズネノキ、ニセジュズネノキ。アリドオシに比べ、針が小さいので区別できる。

• 県内・各地の山地に分布する。 • 全国・本州、四国、九州、琉球 • 写真・御前崎市浜岡

シチヘンゲ

クマツヅラ科

平地に生える、常緑低木。樹高は30〜100cm。茎は四角形で、粗い毛と小さい刺がありざらつく。葉は対生する。葉身は卵形で、長さ2〜8cm、鋸歯があり、先端は尖る。花は8〜9月、葉腋から長い花柄を出し、密集して花がつく、花筒は細長く、先端は4裂、径約6mm。花は黄色または淡紅色から橙紅色、橙赤色と変化する。果実は球形で、径約3mm、紫黒色に熟す。熱帯アメリカ原産、県内の分布は逸出である。和名は花の色が7回変わるとして名付けられた。別名ランタナは分類上の属名。

• 県内・各地の平地に逸出する。 • 全国・日本各地に逸出する。 • 写真・掛川市市内

ムラサキシキブ

クマツヅラ(シソ)科

山地に生える、落葉低木。樹高は2〜3m。葉は対生する。葉身は楕円形で、長さ6〜12cm、鋸歯があり、鋭頭。花は6〜8月、葉腋に淡紫色の花を多数つける。花は筒状で、長さ3〜5mm、先端は4裂する。雄しべは4本。果実は球形で、径約3mm、紫色に熟す。和名は紫色の果実を紫式部に例えて名付けられた。ヤブムラサキは全体に密に軟毛がある。

• 県内・各地の山地に分布する。 • 全国・北海道、本州、四国、九州、琉球 • 写真・掛川市小笠山

オオムラサキシキブ

クマツヅラ(シソ)科

沿海地に生える、落葉低木。樹高は2〜3m。葉は対生する。葉身は楕円形で、長さ10〜20cm、鋸歯があり、鋭頭。花は6〜7月、葉腋に淡紫色の花を多数つける。花は筒状で、長さ約4mm、先端は4裂する。雄しべは4本。果実は球形で、径約3mm、紫色に熟す。沿海地に分布し、ムラサキシキブより葉は大きい。

- 県内・伊豆各地の沿海地に分布する。他の地域は少ない。
- 全国・本州・四国・九州・琉球
- 写真・伊東市城ヶ崎海岸

コムラサキシキブ

クマツヅラ(シソ)科

低地の湿地などに生える、落葉低木。樹高は1〜2m。枝は長くのび、先は下垂する。葉は対生する。葉身は楕円形で、長さ3〜6cm、鋸歯があり、鋭頭。花は7〜8月、葉腋の少し上に花柄を出し、淡紫色の小さな花を多数つける。花は筒状で、長さ約3mm、先端は4裂する。雄しべは4本。果実は球形で、径約3mm、紫色に熟す。県内には自生と逸出がある。庭園や公園に植栽される。別名コムラサキ、コシキブ。和名はムラサキシキブに比べ、樹形が小さいことに由来する。

- 県内・西部の低地に分布するが少ない。
- 全国・本州、四国、九州、琉球
- 写真・牧之原市牧之原

ハマゴウ

クマツヅラ(シソ)科

海岸に生える、落葉低木。茎は地表をはい、枝は直立または斜上する。直立枝の高さは30〜60cm。葉は対生する。葉身は楕円形で、長さ2〜5cm、全縁で、円頭。裏面は細毛があり灰白色。花は7〜9月、枝先に淡青紫色で、唇形の花を多数つける。花は長さ12〜16mm、外面は白毛で覆われる。雄しべは4本。果実は球形、径約6mm。果実は薬用に用いる。

• 県内・各地の海岸に分布する。 • 全国・本州、四国、九州、琉球 • 写真・静岡市三保

クサギ

クマツヅラ(シソ)科

低地に生える、落葉小高木。樹高は3〜10m。樹皮は灰色。葉は対生する。葉身は広卵形で、長さ8〜15cm、全縁で、鋭頭。細毛を密生し、特有の香りがある。花は8〜9月、枝先に多数の白色の花をつける。花は細長い筒状で、長さ約2.5cm、先端は5裂する。雄しべは4本、花の外に突き出る。果実は球形で、径6〜7cm、藍青色に熟す。下部に星形の紅紫色の萼があり目立つ。若葉を食用、果実を染料に用いる。和名は葉に臭気があるのでつけられた。

• 県内・各地の低地に分布する。 • 全国・北海道、本州、四国、九州、琉球 • 写真・牧之原市牧之原

クコ

ナス科

平地から低地に生える、落葉低木。樹高は1〜2m。若枝は稜があり、小枝は刺状になる。葉は数個集まってつく。葉身は楕円形で、長さ2〜4cm、全縁で尖る。花は8〜9月、葉腋に1〜4個の花をつける。花は紫色、鐘形で先端は5深裂し、長さ約1cm。雄しべは5本。果実は楕円形で、長さ約1.5cm。紅色に熟す。若葉は食用にする。果実を酒に漬けたのが枸杞酒（クコシュ）である。

• 県内・各地の平地から低地に分布する。 • 全国・北海道、本州、四国、九州、琉球 • 写真・御前崎市御前崎

タマサンゴ

ナス科

市街地から平地に生える、常緑低木。樹高は1〜1.5m。葉は互生する。葉身は披針形で、長さ5〜10cm、全縁で、先は尖る。花は7〜9月、葉に対生し、1〜数個つく。花は白色で杯状、径約1.5cm、先端は5深裂する。雄しべは5本。果実は球形で、径約1cm、赤色に熟す。南米原産、県内の分布は栽培からの逸出である。別名フユサンゴ。

• 県内・各地の市街地から平地に逸出する。 • 全国・日本各地に逸出する。 • 写真・島田市市内

フジウツギ

フジウツギ(ゴマノハグサ)科

山地の河原などに生える、落葉低木。樹高は1～1.5m。幹は枝分かれし、枝は四角で稜がある。葉は対生する。葉身は披針形で、長さ10～20cm、鋸歯があり、鋭頭。花は7～9月、枝先に穂状に多数の花をつける。花は紅紫色、細長い筒状で、長さ1.5～2cm、先端は4裂する。外面に淡褐色の軟毛が密生する。雄しべは4本。果実は卵形で、長さ約1cm。有毒植物。

• 県内・各地の山地に分布する。 • 全国・本州、四国。 • 写真・富士宮市西臼塚

フサフジウツギ

フジウツギ(ゴマノハグサ)科

山地の河原などに生える、落葉低木。樹高は1～2m。枝は円く翼がない。葉は対生する。葉身は披針形で、長さ10～20cm、鋸歯があり、鋭頭。葉裏は白色を帯びる。花は7～10月、枝先に穂状に多数の花をつける。花は紅紫色、細長い筒状で、長さ約1cm、先端は4裂する。芳香がある。チョウ類が好んで飛来する。中国原産、県内の分布は逸出である。庭園に植栽される。和名は花が房状に多数つくことに由来する。別名チチブフジウツギ。

• 県内・各地の山地に逸出する。 • 全国・日本各地に逸出する。 • 写真・静岡市井川

キリ

ゴマノハグサ(キリ)科

山地に生える、落葉高木。樹高は10mほどになる。葉は対生し、粘る毛が密生する。葉身は広卵形、長さ15～30cm、全縁または3～5浅裂し、鋭頭。花は5月、枝先に円錐状に多数の花をつける。花は紫色、内側に黄色の条がある。筒状で、先は唇状に5裂する。長さ5～6cm。雄しべは4本。果実は先の尖る卵形で、長さ3～4cm。中国原産、県内の分布は逸出である。材は家具、細工物などに重用する。各地に植栽される。

• 県内·各地の山地に逸出する。 • 全国·日本各地に逸出する。 • 写真·牧之原市牧之原

キササゲ

ノウゼンカズラ科

低地から山地に生える、落葉高木。樹高は10mほどになる。葉は対生する。葉身は広卵形で、3浅裂、長さ10～25cm、全縁で先端は尖る。花は6～7月、枝先に円錐状に多数の花をつける。花は広ろう斗形、淡黄色で、内側に暗紫色の斑点がある。長さ約2cm、先端は唇形に5裂する。雄しべは4本。果実は線形で、長さ30cmほどになる。中国原産、県内の分布は逸出である。和名は果実の形がマメ科のササゲに似ることに由来する。

• 県内·低地から山地に逸出する。 • 全国·日本各地に逸出する。 • 写真·浜松市水窪

ニワトコ

スイカズラ(レンプクソウ)科

低地から山地に生える、落葉低木。樹高は2〜6m。葉は対生し、奇数羽状複葉で、小葉は2〜5対、長楕円形で、長さ3〜10cm、鋸歯があり、先端は尖る。花は5〜6月、枝先に円錐状に小さな花を多数つける。花は淡黄白色、径約4mm、先端は5深裂。雄しべは5本。果実は卵形で、径約4mm、赤色に熟す。別名セッコツボク(接骨木)は、骨折などの薬に用いることに由来する。果実が黄色のキミノニワトコがある。

- 県内・各地の低地から山地に分布する。 • 全国・本州、四国、九州 • 写真・静岡市山伏岳

ガマズミ

スイカズラ(レンプクソウ)科

低地から山地に生える、落葉低木。樹高は2〜3m。葉柄は10〜20mm。葉は対生し、両面共に毛がある。葉身は倒卵形で、長さ5〜15cm、鋸歯があり、先は尖る。花は5〜6月、枝先に多数の小さな花をつける。花は白色で、筒部は短く、径約5〜8mm、先端は5裂する。雄しべは5本。果実は卵形で、長さ約7mm、赤色に熟す。果実は食用になる。果実が黄色のキミノガマズミが希にある。和名は果実で、布をすり染めしたことに由来する。

- 県内・各地の低地から山地に分布する。 • 全国・北海道、本州、四国、九州 • 写真・裾野市十里木

コバノガマズミ

スイカズラ(レンプクソウ)科

低地から山地に生える、落葉低木。樹高は2〜3m。葉柄は2〜4mm。葉は対生する。葉身は倒卵形で、長さ2〜10cm、鋸歯があり、先端は尾状に長くのび、鋭頭。花は4〜5月、枝先に多数の小さな花をつける。花は白色で、筒部は短く、径約6mm、先端は5裂する。雄しべは5本。果実は球形で、長さ約6mm、赤色に熟す。果実は食用になる。ガマズミとは葉が小さく。葉柄が短いので区別できる。

• 県内・各地の低地から山地に分布する。 • 全国・本州、四国、九州 • 写真・掛川市小笠山

ミヤマガマズミ

スイカズラ(レンプクソウ)科

山地に生える、落葉低木。樹高は2〜4m。葉柄は10〜20mm。葉は対生する。葉身は広倒卵形で、長さ6〜15cm、鋸歯があり、先端は尾状に長くのび、鋭頭。花は5〜6月、枝先に小さな花を多数つける。花は白色で、筒部は短く、径約6mm、先端は5裂する。雄しべは5本。果実は球形で、長さ約6mm、赤色に熟す。ガマズミとは全体に毛が少なく、葉の先端が尾状に長く尖るので区別できる。

• 県内・各地の山地に分布する。 • 全国・北海道、本州、四国、九州 • 写真・裾野市東臼塚

ヤブデマリ

スイカズラ(レンプクソウ)科

山地に生える、落葉小高木。樹高は2～6m。葉は対生する。葉身は楕円形で、長さ5～15cm、鋸歯があり、先端は急に尖る。若いときは、葉裏に軟毛が密生する。花は5月、枝先に多数の花をつける。外側に白色の装飾花がある。正常花は白色で、径約4mm、先端は5裂する。雄しべは5本。果実は楕円形で、径約6mm、始め赤色、後に黒色に熟す。和名はやぶに生え、手まり状に花がつくことに由来する。コヤブデマリは葉が小さく長さ2～5cm。

- 県内・各地の山地に分布する。 • 全国・本州、四国、九州 • 写真・伊豆市天城山

オトコヨウゾメ

スイカズラ(レンプクソウ)科

山地に生える、落葉低木。樹高は1～3m。葉は対生し、乾くと黒色になる。葉身は卵形で、長さ3～7cm、鋸歯があり、鋭尖頭。葉裏脈上に絹毛がある。花は5月、枝先から、5～10個の花を下垂する。花は白色で淡紅紫色を帯びる。先端は5裂し、径5～10mm。雄しべは5本。果実は球形で下垂し、径5～8mm、赤色に熟す。

- 県内・伊豆を除く各地の山地に分布する。 • 全国・本州、四国、九州 • 写真・浜松市水窪

オオカメノキ

スイカズラ(レンプクソウ)科

山地に生える、落葉小高木。樹高は2～6m。葉は対生する。葉身は広卵形で、長さ10～20cm、鋸歯があり、先端は短く尖る。花は5月、枝先に多数の花をつける。外側に白色の装飾花がある。正常花は白色で、径約7mm、先端は5裂する。雄しべは5本。果実は球形で、径約8mm、始め赤色、後に黒色く熟す。和名は葉がカメの甲羅(コウラ)に似ていることに由来する。別名ムシカリは虫食われの意味で、虫の食害を受けることからつけられた。

● 県内·各地の山地に分布する。 ● 全国·北海道、本州、四国、九州 ● 写真·静岡市井川

サンゴジュ

スイカズラ(レンプクソウ)科

平地に生える、常緑小高木。樹高は通常3～6m。葉は対生し、革質で光沢がある。葉身は長楕円形で、長さ10～20cm、全線または鋸歯があり、先端は尖る。花は4～5月、枝先に円錐形に多数の小さな花をつける。花は短筒形で白色、径約7mm、先端は5裂する。雄しべは5本。果実は楕円形で、長さ約8mm、赤色で後に黒熟する。西日本原産、県内の分布は逸出である。和名は赤色の果実を珊瑚に見立てた。垣根などに植栽される。

● 県内·各地の平地に逸出する。 ● 全国·本州、四国、九州、琉球 ● 写真·掛川市市内

ツクバネウツギ

スイカズラ科

山地に生える、落葉低木。樹高は1～2m。葉は対生する。葉身は広卵形で、長さ2～5cm、鋸歯があり、長く尖る。花は4～6月、枝先に2～3個の花をつける。筒状鐘形で、長さ2～3cm、先端は5浅裂。淡黄色で、内側基部に橙色の網目と毛がある。萼片は5個、へら状線形。雄しべは4本。果実は線形で先端に萼片が残る。和名は萼片の形が、羽根つきの羽に似ることに由来する。

• 県内・各地の山地に分布する。 • 全国・本州、四国、九州 • 写真・川根本町蕎麦粒山

ベニバナノツクバネウツギ

スイカズラ科

山地に生える、落葉低木。樹高は1～2m。葉は対生する。葉身は広卵形で、長さ2～5cm、鋸歯があり、尾状に長く尖る。花は5～6月、枝先に2個の花をつける。筒状鐘形で、長さ約2cm、先端は5浅裂。暗赤色で、内側基部に淡紅色と橙色の網目と毛がある。萼片は5個、線形で赤味帯びる。雄しべは4本。果実は線形で先端に萼片が残る。

• 県内・山地に分布するが少ない。 • 全国・本州（関東、中部） • 写真・静岡市井川

コツクバネウツギ

スイカズラ科

山地に生える、落葉低木。樹高は1〜2m。葉は対生する。葉身は卵形で、長さ2〜5cm、鋸歯があり、先端は尖る。花は5月、枝先に2〜6個の花ををつける。筒状鐘形で、長さ約1.5m、先端は5浅裂する。淡黄色で、内側基部に橙色の網目と毛がある。萼片は2〜3個で狭卵形。雄しべは4本。果実は線形で先端に萼片が残る。ツクバネウツギとは、枝先に花が多くつき、萼片の数が少ないので区別できる。

- 県内・西部の山地に分布するが少ない。 • 全国・本州、四国、九州 • 写真・浜松市水窪

ミヤマウグイスカグラ

スイカズラ科

山地に生える、落葉低木。樹高は2〜3m。葉は対生する。葉身は広楕円形で、長さ3〜5cm、全縁で、鋭頭。花は4〜5月、葉腋に1〜2個の花を下垂する。淡紅色で、細いろう斗形で、長さ約1.5〜2cm、先端は5裂。雄しべは5本。果実は楕円形で、長さ約1cm。赤色に熟す。県内のこの仲間では、最も広く分布する。枝、葉、花柄、果実などに、腺毛が密生するので区別できる。ウグイスカグラは全体が無毛。

- 県内・各地の山地に分布する。 • 全国・本州、四国、九州 • 写真・愛鷹山

キダチニンドウ

スイカズラ科

平地から低地に生える、半常緑つる性木本。つるは長くのび分岐する。茎や葉には長い毛や腺毛が多い。葉は対生する。葉身は長卵円形で、長さ4～8cm、全縁で、鋭頭。花は6月、葉腋に2～4個の花をつける。花は白色で、後に黄色になる。長さ3～4cm、筒形で唇形に2裂し、上弁は先が4裂、下弁は線形で反曲する。雄しべは5本。果実は球形で、径約6mm、紫黒色に熟す。スイカズラとは大形で葉裏面に腺点があるので区別できる。静岡県は分布の東限自生地。

• 県内・中部と西部の低地に分布するが少ない。 • 全国・本州、四国、九州 • 写真・牧之原市牧之原

スイカズラ

スイカズラ科

平地から低地に生える、常緑つる性木本。つるは長くのびる。茎や葉に毛や腺毛がある。葉は対生する。葉身は長楕円形で、長さ3～7cm、全縁で、先端は尖る。花は5～6月、白色で、後に黄色になる。長さ3～4cm、筒形で唇形に2裂し、上弁は先が4裂、下弁は線形で反曲する。雄しべは5本。果実は球形で、径6～7mm、黒色に熟す。茎葉は薬用に用いる。和名は蜜を吸う唇に花の形が似ることに由来する。別名はキンギンボク。花は白色から黄色に変化し、これが混合するのでつけられた。

• 県内・各地の平地から低地に分布する。 • 全国・北海道、本州、四国、九州、琉球 • 写真・富士市浮島沼

ハコネウツギ

スイカズラ科

沿海地から低地に生える、落葉低木。樹高は2～5m。葉は対生し、枝や葉はほとんど無毛。葉身は広楕円形で、長さ8～15cm、鋸歯があり、鋭頭。長さ1～1.5cmの葉柄がある。花は5～6月、葉腋に多数の花をつける。花はろう斗形で、上半分が急に幅が広くなる。白色から赤色に変わる。長さ3～4cm、先端は5裂する。毛はほとんどない。雄しべは5本。果実は細い筒形で、長さ2～3cm、毛はない。庭園などに植栽される。

- 県内分・各地の沿海地から低地に分布する。 • 全国・本州（関東、中部）、日本各地に逸出する。
- 写真・掛川市小笠山

ニシキウツギ

スイカズラ科

山地に生える、落葉低木。樹高は2～3m。葉は対生し、葉裏中肋に毛が密生する。葉身は楕円形で、長さ5～10cm、鋸歯があり、鋭頭。5～10mmの葉柄がある。花は5～6月、2～3個の花をつける。花はろう斗形で、白色から赤色に変わる。長さ約3cm、先端は5裂する。毛はほとんどない。雄しべは5本。果実は細い筒形で、長さ2～3cmで毛はない。和名は花の色が2色になることに由来する。サンシキウツギは花が始めから紅色で、葉柄は短い。

- 県内・伊豆を除く、各地の山地に分布する。 • 全国・本州、四国、九州 • 写真・浜松市奈良代山

アマギニシキウツギ

スイカズラ科

山地に生える、落葉低木。樹高は2～3m。葉は対生し、葉裏中肋の毛は少ない。葉身は楕円形で、長さ5～10cm。鋸歯があり、先端は長く鋭く尖る。5～10mmの葉柄がある。花は5～6月、葉腋に2～3個の花をつける。花はろう斗形で、次第に上に開く。花は始め白色、後に紅色に変わる。長さ約3cm、先端は5裂する。毛はほとんどない。雄しべは5本。果実は細い筒形で、長さ2～3cm、毛はない。ニシキウツギに似るが葉裏中肋の毛が少ない。伊豆固有種。

• 県内・伊豆各地の山地に分布する。 • 全国・本州(伊豆) • 写真・東伊豆町細野湿原

ヤブウツギ

スイカズラ科

山地に生える、落葉低木。樹高は2～3m。葉は対生し、全体に毛が多い。葉身は楕円形で、長さ5～10cm、鋸歯があり、先端は長く鋭く尖る。3～5mmの葉柄がある。花は5～6月、葉腋に2～3個の花をつける。花はろう斗形で、次第に上に開く。赤色で、長さ約3cm、先端は5裂する。毛が密生する。雄しべは5本。果実は細い筒形で、長さ約2cmで、密に毛がある。

• 県内・各地の山地に分布する。 • 全国・本州、四国 • 写真・掛川市小笠山

コウヤボウキ

キク科

山地に生える、落葉低木。樹高は60～100cm。1年枝の葉は互生し、卵形。2年枝は葉を3～5枚束生し、長楕円形、鋸歯があり、先端は尖り、毛がある。9～10月に、1年枝の先端に白色の頭花を1個つける。頭花は筒状花10個ほどで、周囲は総苞片で鱗状に包まれる。筒状花は先端が5深裂し、長さ約15mm。果実は長さ約6mm、先端に赤褐色の冠毛がある。和名は枝を使い、高野山で箒を作ったことに由来する。

• 県内･各地の山地に分布する。 • 全国･本州、四国、九州 • 写真･掛川市小笠山

ナガバノコウヤボウキ

キク科

山地に生える、落葉低木。樹高は60～100cm。1年枝の葉は互生し、卵形。2年枝は葉を5～6個束生し、長楕円形、鋸歯があり、先端は尖る。毛はほとんどない。8～10月に、2年枝の束生する葉の中央に、白色の頭花を1個つける。頭花は筒状花10数個で、周囲は総苞片で鱗状に包まれる。筒状花は先端が5深裂し、長さ約15～18mm。果実は長さ約7mm、先端に赤褐色の冠毛がある。コウヤボウキとは、頭花を1年枝につけるので区別できる。

• 県内･各地の山地に分布する。 • 全国･本州、四国、九州 • 写真･浜松市渋川

被子植物
単子葉類

サルトリイバラ

ユリ(サルトリイバラ)科

山地に生える、落葉つる性半低木。雌雄異株。つるは3mほどになる。茎はまばらに刺がある。葉は互生し、革質。葉身は円形で、全緑、長さ3～12cm、3～5脈が目立つ。托葉があり、先端は巻きひげになる。花は4～5月、葉腋に多数の黄緑色の花をつける。雄しべは6本。果実は球形で、径約8mm、赤色に熟す。葉で餅を包む。根茎は薬用に用いる。和名は刺にサルが引っ掛かるとして名付けた。サルマメは茎が直立し、葉は小さく、刺は少ない。

• 県内・各地の山地に分布する。 • 全国・北海道、本州、四国、九州 • 写真・湖西市湖西連峰

ホウライチク

イネ科

平地に生える、常緑多年生タケ。高さ3～5m。地下茎はあまり発達しない。稈は密に束生し、株立になる。竹の皮は早落性。節に大小の枝が多数出る。葉は枝先に3～9個つく。狭披針形で、長さ5～15cm。まれに開花する。東南アジア原産、県内の分布は逸出である。和名はこの竹を賞賛し、伝説の霊山、蓬莱山の名をつけた。別名はドヨウダケ。

• 県内・各地の平地に逸出する。 • 全国・日本各地に逸出する。 • 写真・浜松市浜北森林公園

マダケ

イネ科

平地から低地に生える、常緑多年生タケ。高さ10～20m。筍は5～6月に出る。筍の皮は紫黒色の斑点があり、ほとんど毛はない。節は2環、稈は濃緑色、2本の主枝が出る。葉は枝先に3～5個つく。葉身は披針形で長さ6～15cm、先は尖り、裏面は白色を帯びる。希に開花する。中国からの渡来とされるが、日本に自生もしていた。県内の分布は逸出である。材は籠などに広く利用される。別名ニガタケ。ハチクは節間が長く白色のロウ質を帯びる。筍皮に斑点がない。

- 県内・各地の平地から低地に逸出する。 ● 全国・日本各地に逸出する。 ● 写真・浜松市引佐

モウソウチク

イネ科

平地に生える、常緑多年生タケ。高さ10～20m。筍は4月に出る。筍の皮は黒紫色で粗毛で覆われる。節は1環。節に2本の主枝が出る。葉は枝先に2～8個つく。葉身は披針形で長さ5～8cm、先は尖る。希に開花する。中国原産、県内の分布は逸出である。筍を食用に栽培する。園芸品種は多く、庭園や公園などに植栽される。和名は中国の孝行な息子、孟宗の名である。節が1環なので他の種類と区別できる。

- 県内・各地の平地から低地に逸出する。 ● 全国・日本各地に逸出する。 ● 写真・川根本町中川根

ハチク

イネ科

平地から低地に生える、常緑多年生タケ。高さ10～20m。筍は4～5月に出る。筍の皮は淡紫褐色で斑点はなく、毛が散生する。節は2環。稈は白色の蝋質を帯びる。節に2本の主枝が出る。葉は枝の先に3～5個つく。葉身は披針形で、長さ5～10cm、先は尖り、裏面は帯白色。希に開花する。中国原産、県内の分布は逸出である。筍を食用に栽培する。園芸品種は多く、庭園や公園などに植栽される。クロチクは小形で稈が細く、緑黒色を帯びる。

• 県内・各地の平地から低地に逸出する。 • 全国・日本各地に逸出する。 • 写真・御殿場市市内

オカメザサ

イネ科

平地に生える、常緑多年生タケ。高さ1～2m。筍は6月に出て、竹の皮は早落性。稈は細く、節は高く、稜角のある半円柱形。節に3～5本の枝が出る。葉は枝の先に1～2個つく。葉身は披針形で、長さ6～10cm。先は尖り、葉表は無毛、葉裏は軟毛がある。葉鞘、肩毛はない。希に開花する。西日本に自生するという。県内の分布は逸出である。庭園や公園に広く植栽される。和名は浅草の酉の市で、おかめの面をつり下げて売ったことに由来する。

• 県内・各地の平地に逸出する。 • 全国・日本各地に逸出する。 • 写真・浜松市細江

メダケ

イネ科

平地の河岸などに群生する、常緑多年生ササ。高さ2〜5m。稈鞘は無毛で、稈を包んだまま残る。節に5〜7本の枝が出る。葉は枝の先に3〜6個つく。葉身は狭披針形で、長さ10〜25cm、先は尖り、両面共に無毛。葉鞘は無毛。和名は女竹で男竹のマダケに対する名である。

• 県内・各地の平地に分布する。 • 全国・本州、四国、九州 • 写真・掛川市市内

ネザサ

イネ科

低地から山地に群生する、常緑多年生ササ。高さ1〜3m。稈鞘は無毛で、稈を包んだまま残る。節に数本の枝が出る。葉は枝の先に2〜10個つく。葉身は披針形で、長さ5〜20cm、先は尖る。両面共に無毛。葉鞘は無毛、ケネザサは葉の裏面に毛がある。中部以東には葉が狭披針形のアズマネザサ、葉が小形のハコネザサが広く分布する。和名は地をはい、広がることに由来する。

• 県内・西部各地の山地に分布する。他の地域は少ない。 • 全国・本州、四国、九州 • 写真・掛川市小笠山

クマザサ

イネ科

低地に群生する、常緑多年生ササ。高さ50〜100cm。稈の基部は斜上し、上部で分枝する。稈鞘は長毛が密生し、稈を包んだまま残る。枝は節から1本ずつ出る。葉は枝の先に4〜7個つく。葉身は長楕円形で、長さ10〜25cm、先は急に尖る。両面無毛。葉鞘は無毛。冬期、葉の縁は白く隈どられる。京都原産、県内の分布は逸出である。寺院や庭園に広く栽植される。和名は葉の縁が白く隈どられることに由来する。

● 県内・各地の低地に逸出する。 ● 全国・日本各地に広く逸出する。 ● 写真・長泉町駿河平自然公園

ミヤコザサ

イネ科

山地に群生する、常緑多年生ササ。高さ50〜90cm。稈の基部は斜上する。稈鞘は無毛で、稈を包んだまま残り、稈は単一で分枝しない。節は球状にふくれる。葉は枝の先に5〜7個つく。葉身は長楕円形で、長さ10〜20cm、先は尖る。葉質は薄く、裏面は軟毛が密生する。葉鞘は無毛。冬期、葉の縁は白く隈どられる。和名は最初、京都で採取されたことに由来する。

● 県内・各地の山地に分布する。 ● 全国・北海道、本州、四国、九州 ● 写真・浜松市門桁山

ヤダケ

イネ科

平地から山地に生える、常緑多年生ササ。高さ2～5m。稈鞘はまばらに剛毛があり、稈を包んだまま残る。稈の節間は長く、節は低い。枝は上部の節から1本出る。葉は枝の先に4～7個つく。葉身は披針形で、長さ10～30cm、先は尾状に尖る。両面無毛で、裏面は白味を帯びる。葉鞘は無毛。城跡などに逸出がある。和名は弓の矢に用いることに由来する。

• 県内・各地の平地から山地に分布する。 • 全国・本州、四国、九州 • 写真・牧之原市牧之原

スズタケ

イネ科

山地に群生する、常緑多年生ササ。高さ1～3mで、稈は基部から直立する。稈鞘は剛毛があり、稈を包んだまま残る。節は低い。枝は節から1本出る。葉は枝の先に2～3個つく。葉身は長楕円形で、長さ10～30cm、先は尖る。両面無毛で、裏面は白味を帯びる。葉鞘は毛がある。希に開花結実して枯れる。別名はスズ。高地にはイブキザサ（アマギザサ）が広く分布する。葉身は大きく、稈は節が高く分枝する。

• 県内・各地の山地に分布する。 • 全国・北海道、本州、四国、九州 • 写真・掛川市八高山

シダ

マツバラン

マツバラン科

市街地や山地の樹幹上や岩上、地上に生える、常緑性シダ植物。地上茎は直立し、棒状で稜があり、高さ10～30cm、断面は三角形、二叉状に分岐し、ほうき状になる。葉は小さく鱗片状で互生する。胞子嚢は無柄で、枝上に点在する。江戸時代から盆栽として鑑賞され、いろいろな園芸品種が育てられている。絶滅危惧種(県)。

- 県内･自生地は希であるが、胞子が飛散、市街地に逸出している。 • 全国･本州、四国、九州、琉球、小笠原
- 写真･磐田市豊岡

トウゲシバ

ヒカゲノカズラ科

山地林内の地上に生える、常緑性シダ植物。茎は高さ10～20cm、基部から数本分岐する。葉は密生し、披針形で長さ1～2cm、周囲に不ぞいの鋸歯がある。胞子嚢は葉腋につく。葉幅が狭いホソバトウゲシバ、葉幅の広いヒロハトウゲシバを区別するが、移行形があり、区別が判然としないのもある。

- 県内･各地の山地に分布する。 • 全国･北海道、本州、四国、九州、琉球 • 写真･浜松市春野

ヒカゲノカズラ

ヒカゲノカズラ科

低地の草地から高山の地上に生える、常緑性シダ植物。茎は長く地上をはい、2mに達する、茎は分岐し、ところどころから白色の根を出す。葉は密生し、線形で長さ4〜6mm、先端は尖る。胞子囊穂は柄があり、3〜6個つく、円柱形で直立し、淡黄色、長さ3〜5cm。胞子は黄色で石松子といい薬用にする。

• 県内・各地の低地から高山に分布する。 • 全国・北海道、本州、四国、九州 • 写真・浜松市春野

マンネンスギ

ヒカゲノカズラ科

山地の地上に生える、常緑性シダ植物。地上茎は直立し、高さ10〜30cm、上部は樹木状に分岐する。葉は密生し、線形で鋭頭、長さ3〜4mm。枝の先端に円柱状の長さ2〜3cmの胞子囊穂を数個つける。和名は枝葉がスギに似て、青々としているので万年杉の名がつけられた。生育場所で外形や葉形に変化があり、うちわ状に分岐する、ウチワマンネンスギなどある。

• 県内・各地の山地に分布する。 • 全国・北海道、本州、四国、九州 • 写真・浜松市奈良代山

ミズスギ

ヒカゲノカズラ科

低地の湿地や湿った崖の岩上や地上に生える、常緑性シダ植物。茎は直立し、枝を出す。葉は密生し、線形で鋭頭、長さ3～5cm。胞子嚢穂は無柄で、1～2個下向きにつく。県内には小形で、匍匐茎のみで直立茎がないのが多い。和名は枝葉がスギに似て、湿地に生えるので名付けられた。

• 県内・各地の低地に分布する。 • 全国・北海道、本州、四国、九州、琉球、小笠原 • 写真・浜松市宮口

イワヒバ

イワヒバ科

山地のやや湿った岩上や岩壁上に生える、常緑性シダ植物。高さ20cmに達する仮茎の上部に、放射状に葉状の枝を多数つける。枝は長さ10～20cm。鱗片状の葉を密生する。胞子嚢穂は小枝の先端につく。乾燥に強く、全体が丸まり耐える。江戸時代から鑑賞用に栽培され、いろいろな園芸品種が育てられている。和名のヒバはヒノキのことで分枝の形状に由来する。別名イワマツ。

• 県内・各地の山地に分布する。 • 全国・北海道、本州、四国、九州、琉球、小笠原 • 写真・静岡市市内

カタヒバ

イワヒバ科

山地林内の樹幹上や岩上、地上に生える、常緑性のシダ植物。地上茎は葉状に広がり、3～4回羽状に分岐し、長卵形で、長さ10～20cm。胞子嚢穂は小枝に頂生し、四角柱状で長さ5～25mm。胞子葉は4列に並ぶ。和名はイワヒバが葉を叢生するのに対して、葉状の葉が平面的に直立するので名付けられた。

- 県内・各地の山地に分布する。 • 全国・本州、四国、九州、琉球 • 写真・磐田市豊岡

イヌカタヒバ

イワヒバ科

市街地や平地の路傍、庭園などの岩上や地上に群生する、常緑性シダ植物。地上茎は葉状に広がり、3～4回羽状に分岐し、三角状卵形で長さ10～25cm。胞子嚢穂は小枝に頂生し、長さ5～15mm。八重山諸島原産、県内の分布は逸出である。カタヒバに似るが、背葉の縁に膜があり、先端は芒状になる。

- 県内・各地の市街地や平地に逸出する。 • 全国・日本各地に逸出する。 • 写真・掛川市神代地

クラマゴケ

イワヒバ科

低地から山地の地上に生える、常緑性シダ植物。茎は地上を長くはい、分岐して広がる。鱗片状の葉を、左右の側面と背面につける。腹葉は卵形、背葉はひずんだ卵形で鋭頭。胞子嚢穂は頂生し、長さ5～15mm。胞子葉は三角状卵形、先端は尖り鋸歯がある。タチクラマゴケは胞子葉のある茎が直立する。腹葉は広卵形で鋭頭、やや丸味がある。

• 県内・各地の低地から山地に分布する。 • 全国・北海道、本州、四国、九州、琉球 • 写真・磐田市豊岡

コンテリクラマゴケ

イワヒバ科

平地の人家近くの林内や草地、庭園の地上に生える、常緑性シダ植物。茎は地上を長く這い、長さ50cmに達する。葉は鱗片状で淡緑色で、濃藍色の金属光沢を帯びるので目立つ。胞子嚢穂は長さ約10mm。胞子葉は長卵形で、先端は尖り反り返る。中国原産、県内の分布は逸出である。観賞用に植栽される。類似種とは葉面の光沢から容易に区別できる。

• 県内・各地の平地に逸出する。 • 全国・日本各地に逸出する。 • 写真・牧之原市牧之原

ミズニラ

ミズニラ科

平地から低地の池沼や水路、水田などの水中に生える、夏緑性シダ植物。根茎は塊状で泥中にあり、白色のひげ根をつける。葉は四稜のある円柱形、長さ20〜30cm。基部は重なり合い、白色で広い鞘状になる。胞子嚢は鞘状の葉の内側のくぼみにつく。各地に分布していたが、開発で生育地が失われ、希少種になった。絶滅危惧種(県)。

• 県内・平地から低地に分布するが少ない。 • 全国・本州、四国 • 写真・静岡市岳美

スギナ

トクサ科

平地から山地の道端や農地、草地などの地上に生える、夏緑性シダ植物。地上茎は2形あり、栄養茎は中空の円筒形で、高さ20〜40cm。葉を輪状に密生する。栄養茎に先だって胞子茎を出す。円柱形で淡褐色、高さ10〜30cm、葉は鞘状、先端に胞子嚢穂をつける。胞子茎はツクシで、食用にする。和名は杉菜で葉がスギに似て、食用になる草本のことである。栄養茎の先端に、胞子嚢穂をつけるのを、ミモチスギナとして区別する。

• 県内・各地の平地から山地に分布する。 • 全国・北海道、本州、四国、九州 • 写真・掛川市市内

イヌスギナ

トクサ科

平地の湿地や沼沢地、水田などの地上に生える、夏緑性シダ植物。地上茎は中空の円筒形。高さ20～60cm。葉を数本輪状に出す。胞子嚢穂は1～3cm、スギナ形の栄養茎の先端につく。ミモチスギナに似るが、栄養茎と胞子茎の区別がなく、葉鞘は大きく、歯片の縁に顕著な白膜があるので区別できる。

• 県内・伊豆と東部を除く、平地に分布するが少ない。 • 全国・北海道、本州 • 写真・静岡市用宗

イヌドクサ

トクサ科

平地から低地の海岸や川原、路傍の地上に生える、常緑性シダ植物。地上茎は中空の円筒形。高さ1m以上になる。枝を不規則に2～3個出す。胞子嚢穂は地上茎の先端につき、長さ1～2cm、先端はわずかに突出する。類似種とは、常緑で茎は硬質、節から少数の枝を出すので区別できる。別名カワラドクサは、川原に生えることに由来する。

• 県内・各地の平地から低地に分布する。 • 全国・本州、四国、九州、琉球 • 写真・浜松市天竜川

ハマハナヤスリ

ハナヤスリ科

海岸の砂地から低地の草地の地上に生える、夏緑性シダ植物。葉は直立し、高さ5〜20cm。胞子葉は先端に胞子嚢をつける。栄養葉は披針形から狭卵形で、先端は鋭頭から鈍頭。基部は次第に狭くなり、胞子葉の柄と合体する。和名は浜花鑢（ハマハナヤスリ）で、浜は海岸のことで、胞子嚢の穂をやすりに見立てて名付けられた。

• 県内･各地の海岸から低地に分布する。 • 全国･北海道、本州、四国、九州、琉球 • 写真･菊川市白岩

ヒロハハナヤスリ

ハナヤスリ科

低地の原野や林内、竹やぶの地上に生える、夏緑性シダ植物。葉は直立し、高さ15〜30cm。胞子葉は先端に胞子嚢をつける。栄養葉は卵形から広披針形、鈍頭から円頭、基部は切形から心形で、胞子葉の柄と合体する。4月頃葉を出し、夏には枯れる。類似種とは、葉の形、特に栄養葉の基部の形で区別できる。別名ハルハナヤスリ。

• 県内･低地に分布するが少ない。 • 全国･北海道、本州、四国、九州 • 写真･菊川市倉沢

コヒロハハナヤスリ

ハナヤスリ科

平地から低地の草地、寺社の庭園や墓地の地上に生える、夏緑性シダ植物。葉は直立し、高さ10〜20cm。胞子葉は先端に胞子嚢をつける。栄養葉は長卵形から卵形で先端は鈍頭から円頭、基部は切形で柄がある。類似種とは、栄養葉の基部に柄があるので区別できる。

- 県内・各地の平地から低地に分布する。特に墓地に多い。
- 全国・本州、四国、九州、琉球、小笠原
- 写真・掛川市大尾山

オオハナワラビ

ハナヤスリ科

平地から低地の草地や路傍の地上に生える、冬緑性シダ植物。葉は直立し、高さ30〜50cm。胞子葉は先端に胞子嚢をつける。栄養葉はほぼ五角形で、3回羽状に深裂する。羽片は三角状広楕円形、小羽片は広披針形、裂片は狭楕円形で、鋭尖頭、鋭い鋸歯がある。シチトウハナワラビの裂片は、広楕円形から卵形で、やや鋭頭から鈍頭、辺縁は波状縁であまり尖らない。

- 県内・各地の平地から低地に分布する。
- 全国・本州、四国、九州
- 写真・浜松市春野

アカハナワラビ

ハナヤスリ科

山地の草地の地上に生える、冬緑性シダ植物。葉は直立し、高さ20～50cm。胞子葉は著しく長い柄があり、先端に胞子嚢をつける。共通柄は短い。栄養葉は五角形で、3回羽状に分岐し、長さ幅ともに約10cm。羽片は広卵形で鋭頭。裂片は長楕円形で鋭鋸歯がある。栄養葉は冬季に著しく赤色になり、枯死して倒れる。

- 県内・山地に分布するが少ない。 • 全国・北海道、本州、四国、九州 • 写真・伊東市市内

フユノハナワラビ

ハナヤスリ科

平地から低地の草地や林縁の地上に生える、冬緑性シダ植物。葉は直立し、高さ10～40cm。胞子葉は先端に胞子嚢をつける。栄養葉は、3回羽状に分裂、三角形から五角形。羽片は3～4回羽状に深裂する。羽片、小羽片の先端は円頭から鈍頭、裂片は広楕円形で、浅い鋸歯がある。9月から翌春まで葉がある。和名は胞子嚢を花に見立て、冬季に葉があるのでので名付けられた。

- 県内・各地の平地から低地に分布する。 • 全国・北海道、本州、四国、九州、小笠原 • 写真・浜松市春野

ナツノハナワラビ

ハナヤスリ科

山地林内の地上に生える、夏緑性シダ植物。葉は直立し、高さ30〜60cm。柄は途中で胞子葉と栄養葉に分岐する、胞子葉は3〜4回羽状に分岐し、卵状三角形、先端に胞子嚢をつける。栄養葉は3〜4回羽状に細裂し広五角形、鈍頭から鋭頭。下部小羽片は有柄。裂片は楕円形、鋭尖頭で、辺縁に深い鋸歯がある。和名は夏に胞子葉を出すことに由来する。

• 県内・山地に分布するが少ない。 • 全国・北海道、本州、四国、九州 • 写真・西伊豆町賀茂

ナガホノナツノハナワラビ

ハナヤスリ科

山地林内の地上に生える夏緑性シダ植物。葉は直立し、高さ40〜70cm。柄は途中で胞子葉と栄養葉に分岐する。胞子葉は2回羽状に分岐し、各羽片は短く密生する。胞子嚢穂の柄は穂より短い。栄養葉は五角形で2〜3回羽状に深裂する。小羽片は無柄。裂片は長楕円形、先端は円頭で、浅い鋸歯がある。ナツノハナワラビとは胞子嚢穂の形と、栄養葉の切れ込みが異なる。

• 県内・山地に分布するが少ない。 • 全国・北海道、本州、四国、九州 • 写真・御殿場市上小林

リュウビンタイ

リュウビンタイ科

平地の林内の地上に生える、常緑性シダ植物。葉は大形で1〜2m、葉身は広楕円形で、2回羽状に分裂する。羽片は5〜10対で、披針形。小羽片は15〜25対で、長さ5〜15cm。鋭尖頭。胞子嚢は葉縁から離れて、支脈の両側に並んでつき、数個まとまり胞子嚢群になる。観賞用に栽培される。伊豆は分布の北限自生地。

• 県内・伊豆の平地に分布する。西部の産地は絶滅した。 • 全国・本州、四国、九州、琉球 • 写真・伊東市八幡野

ゼンマイ

ゼンマイ科

低地から山地の草地や林縁、水辺の地上に生える、夏緑性シダ植物。葉は二形ある。早春に胞子葉、次いで栄養葉が出る。幼芽は拳状で、淡赤褐色の綿毛で包まれる。栄養葉は長さ30〜50cm。葉身は三角状広卵形、2回羽状に裂ける、最下羽片が最大。小羽片は長楕円形で基部は切形、左右が同形ではない。胞子葉は胞子嚢を密生する。若い栄養葉を食用にする。

• 県内・各地の低地から山地に分布する。 • 全国・北海道、本州、四国、九州、琉球 • 写真・掛川市小笠山

ヤシャゼンマイ

ゼンマイ科

山地の渓流沿いの岩上に生える、夏緑性シダ植物。葉は二形ある。早春に胞子葉、次いで栄養葉が出る。栄養葉は長さ20～50cm、葉身は卵状楕円形で、2回羽状に裂け、最下羽片が最大にならない。小羽片は狭披針形で基部は鋭尖形、左右相称。胞子葉は胞子嚢を密生する。典型的な渓流植物。

• 県内・各地の山地に分布する。伊豆は少ない。 • 全国・北海道、本州、四国、九州 • 写真・浜松市水窪

オオバヤシャゼンマイ

ゼンマイ科

山地の渓流沿いや谷間の岩上や地上に生える、夏緑性シダ植物。葉は二形ある。早春に胞子葉、次いで栄養葉が出る。栄養葉は長さ30～60cm。葉身は広卵状楕円形で2回羽状に裂ける。小羽片は長楕円形、先端は枯れることが多い。胞子葉はほとんど出ない。ゼンマイとヤシャゼンマイの雑種で、両者より大形、中間的な形態になる。別名オクタマゼンマイ。

• 県内・山地に分布するが少ない。 • 全国・北海道、本州、四国、九州 • 写真・浜松市天竜

ヤマドリゼンマイ

ゼンマイ科

低地から山地の湿原に群生する、夏緑性シダ植物。葉は二形ある。早春に胞子葉、次いで栄養葉が出る。若芽は赤褐色の毛に包まれる。栄養葉の葉身は長さ30～60cm、卵状披針形、2回羽状に裂ける。羽片は長楕円形、先端は鋭尖頭、羽状に深裂する。胞子葉は胞子嚢が全面を覆う。和名はヤマドリの住む場所に生えるゼンマイの意味。

• 県内·低地から山地に分布するが少ない。 • 全国·北海道、本州、四国、九州 • 写真·富士宮市小田貫湿原

シロヤマゼンマイ

ゼンマイ科

低地の谷間の岩上や地上に生える、常緑性シダ植物。葉は革質で、長さ1m以上になる。葉身は長楕円形で、1回羽状に裂ける。羽片は広線形で、十数対の羽片をつける。辺縁に鋭い鋸歯がある。葉の中央より下、数対の羽片が胞子葉となり、褐色の胞子嚢群をつける。和名は最初の発見地、鹿児島県の城山に由来する。静岡県は分布の北東限自生地。絶滅危惧種(県)。

• 県内·伊豆と西部の低地に希に分布する。 • 全国·本州、四国、九州、琉球、小笠原 • 写真·西伊豆町賀茂

キジノオシダ

キジノオシダ科

山地林内の地上に生える、常緑性シダ植物。葉は二形ある。栄養葉は長さ30～80cm。葉身は長楕円状披針形で、1回羽状に裂ける。羽片は線状披針形で無柄。上部の羽片は徐々に小さくなり、先端は著しい頂羽片になる。胞子葉の羽片は線形で短い柄がある。タカサゴキジノオは、頂羽片がはっきりせず、羽片は中軸に流れてつく。

• 県内・各地の山地に分布する。 • 全国・本州、四国、九州 • 写真・掛川市大尾山

オオキジノオ

キジノオシダ科

山地林内の地上に生える、常緑性シダ植物。葉は二形ある。栄養葉は長さ30～50cm。葉身は長楕円状披針形で、1回羽状に裂ける。羽片は線状披針形、下部は有柄、上部は無柄、先端に頂羽片がある。胞子葉は栄養葉より高く、60～80cm。羽片は線形で短い柄がある。キジノオシダとは、栄養葉の下部羽片に柄があるので、区別できる。

• 県内・各地の山地に分布する。 • 全国・本州、四国、九州 • 写真・掛川市粟ヶ岳

コシダ

ウラジロ科

低地林内の地上に群生する、常緑性シダ植物。葉は長さ1m以上になる。葉柄は紫褐色で針金状。葉は分岐点に羽片を1対つけ、さらに2分岐し、6個つける。羽片は長楕円形、長さ15〜30cm、羽状に深裂する。葉表は緑色で葉裏は白色。胞子嚢群は中脈と辺縁の中間に1列に並んでつく。葉柄は籠を編むのに用いる。和名はウラジロより小形なので名付けられた。

• 県内・各地の低地に分布する。 • 全国・本州、四国、九州、琉球 • 写真・掛川市小笠山

ウラジロ

ウラジロ科

低地林内の地上に群生する、常緑性シダ植物。葉は長さ2m以上になる。葉柄は硬く、茶褐色。分岐点に羽片を1対つける。羽片は披針形、2回羽状に深裂する。長さ50〜100cm。小羽片は線形。葉表は緑色で葉裏は白色。胞子嚢群は中脈と辺縁の中間に1列に並んでつく。葉を正月の飾りに用いる。和名は葉裏が白色なことに由来する。

• 県内・各地の低地に分布する。 • 全国・本州、四国、九州、琉球 • 写真・牧之原市牧之原

カニクサ

フサシダ(カニクサ)科

低地の林縁や草地、路傍の地上に生える、つる性の夏緑性、地域により常緑性シダ植物。つるは長くのび、2m以上になる。全体が1枚の葉に相当する。羽片は互生し、短い柄があり2岐、さらに三出状に2～3回羽状に分裂する。頂羽片は長くのび鈍頭。胞子嚢群は上部の羽片の縁につく。下部の羽片は栄養葉。胞子を薬用に用いる。和名はこの蔓でカニを釣ることに由来する。別名ツルシノブ。

• 県内・各地の低地に分布する。 • 全国・本州、四国、九州、琉球 • 写真・焼津市高草山

コウヤコケシノブ

コケシノブ科

山地林内の樹幹上や岩上に群生する、常緑性シダ植物。根茎は針金状で横走する。葉は根茎からまばらに出る。葉に柄があり、長さ4～8cm。葉身は長楕円形で、2～3回羽状に深裂する。羽片の縁に鋸歯がある。胞子嚢群は裂片の先端につく。県内のコケシノブ類で、羽片に鋸歯のあるのは、本種のみなので、容易に他種と区別できる。

• 県内・各地の山地に分布する。 • 全国・本州、四国、九州、琉球 • 写真・浜松市佐久間

ホソバコケシノブ

コケシノブ科

山地林内の樹幹上や岩上に群生する、常緑性シダ植物。根茎は針金状で横走する。葉は根茎からまばらに出る。葉には柄があり、長さ3～12cm。葉身は卵状楕円形で、2～4回羽状に深裂する。裂片は軸に対して、40～70度の角度でつく。裂片の幅は1mm以下。胞子嚢群は裂片の先端につく。和名はコケシノブに似て、葉が細いので名付けられた。

• 県内・各地の山地に分布する。 • 全国・本州、四国、九州、琉球 • 写真・浜松市天竜

コケシノブ

コケシノブ科

山地林内の樹幹上や岩上に群生する、常緑性シダ植物。根茎は針金状で横走する。葉は根茎からまばらに出る。葉には柄があり、長さ3～5cm。葉身は卵状楕円形で、2～3回羽状に深裂する。裂片は軸に対して、30～45度の角度でつく。胞子嚢群は裂片の先端につく。ホソバコケシノブとは小形で、裂片の軸に対する角度が鋭角なので、区別できる。和名は葉形がシノブに似て、コケのように小形なので名付けられた。

• 県内・各地の山地に分布する。 • 全国・北海道、本州、四国、九州 • 写真・伊豆市中伊豆

オオコケシノブ

コケシノブ科

山地の渓流沿いの岩上に群生する、常緑性シダ植物。根茎は針金状で横走する。葉には柄があり、葉身は卵状長楕円形で、長さ6～15cm、2～3回羽状に深裂する。裂片は幅が広く、1.5～2mm、鈍頭から円頭。胞子嚢群は裂片の先端につく。裂片の幅が他の類似種に比べ広いので区別できる。分布の東限自生地。

• 県内・東部を除く、山地に分布するが少ない。 • 全国・本州、四国、九州 • 写真・浜松市佐久間

ウチワゴケ

コケシノブ科

山地林内の樹幹上や岩上に群生する、常緑性シダ植物。根茎は横走し、黒色の細毛を密生する。葉柄は短い。葉身はうちわ型で基部は心形、直径1cm前後、縁は不規則に浅裂から深裂する。胞子嚢群は葉縁、脈の端につく。葉形が特有なので、他の種類とは容易に区別できる。和名は葉の形に由来する。

• 県内・各地の山地に分布する。 • 全国・北海道、本州、四国、九州、琉球 • 写真・西伊豆町賀茂

コハイホラゴケ

コケシノブ科

山地林内の樹幹上や岩上に群生する、常緑性シダ植物。根茎は横走し、黒褐色の細毛を密生する。葉は根茎からまばらに出る。葉柄に幅の広い翼がある。葉身は長さ5〜10cm。三角状楕円形で、3回羽状に深裂する。羽片は重なり合う。胞子嚢群は裂片の先端につく。ハイホラゴケとヒメハイホラゴケの雑種。ハイホラゴケの仲間では、最も普通に分布する。

• 県内・各地の山地に分布する。 • 全国・北海道、本州、四国、九州 • 写真・西伊豆町賀茂

アオホラゴケ

コケシノブ科

山地林内の樹幹上や岩上に群生する、常緑性シダ植物。根茎は横走し、黒色の細毛を密生する。葉は根茎からまばらに出る。葉は深緑色。葉柄には幅の広い翼がある。葉身は卵形から卵状楕円形で、長さ2〜5cm。3回羽状に深裂する。胞子嚢群は葉身上部の裂片の先端につく。裂片に短線状の偽脈があるので、他の類似種と区別できる。

• 県内・各地の山地に分布する。 • 全国・本州、四国、九州、琉球、小笠原 • 写真・磐田市豊岡

コバノイシカグマ

コバノイシカグマ科

山地林内の地上に生える、常緑性、地域により夏緑性のシダ植物。葉柄は赤褐色、全体に粗い毛があり、落ちた毛の基部が残りざらつく。葉身は卵状楕円形で、長さ20～40cm。3回羽状に裂ける。小羽片は卵状三角形、裂片は羽状に切れ込む。胞子嚢群は葉縁につく。包膜はコップ状で無毛。葉柄の基部を除いて、ほとんど無毛なのをウスゲコバノイシカグマとして区別する。

- 県内･各地の山地に分布する。 • 全国･本州、四国、九州 • 写真･浜松市宮口

イヌシダ

コバノイシカグマ科

低地から山地の地上に生える、夏緑性、秋の葉は越冬するシダ植物。全体に白色から淡褐色の軟毛がある。葉に淡黄緑色の柄がある。葉身は長さ10～25cm、葉身は三角状広披針形で、1～2回羽状に裂ける。胞子嚢群は葉縁につく。包膜はコップ状で毛がある。

- 県内･各地の低地から山地に分布する。 • 全国･北海道、本州、四国、九州 • 写真･浜松市浜北森林公園

オウレンシダ

コバノイシカグマ科

山地林内の岩上や地上に生える、夏緑性シダ植物。葉柄の下部は黒紫色。葉は鮮緑色で草質。葉身は長楕円状披針形で、長さ10～30cm、2～3回羽状に裂ける。羽片は広卵状菱形。裂片は深く切れ込み、鋭頭から鈍頭。胞子嚢群は裂片の先につく。包膜はコップ状で毛はない。和名は葉形をキンポウゲ科のオウレンに例えて名付けられた。

• 県内·各地の山地に分布する。 • 全国·北海道、本州、四国、九州 • 写真·浜松市春野

フモトシダ

コバノイシカグマ科

山地林内の地上に生える、常緑性シダ植物。葉は全体に毛がある。葉身は卵状披針形で、長さ30～60cm、1回羽状に裂ける。羽片は20対ほど、線状披針形で、基部の上側の第1裂片は耳状。辺縁は羽状に浅裂から深裂する。胞子嚢群は裂片の辺縁につく。極端に毛の少ないのをウスゲフモトシダ、毛深いのをケブカフモトシダとして区別する。

• 県内·各地の山地に分布する。 • 全国·本州、四国、九州、琉球 • 写真·掛川市小笠山

フモトカグマ

コバノイシカグマ科

山地林内の地上に生える、常緑性シダ植物。フモトシダに似るが、葉身は長楕円状披針形で、2回羽状に裂ける。羽片は披針形、小羽片は軸に流れて、狭い翼をつくることがない。下部の羽片は多少短くなる。胞子嚢群は裂片の縁につく。クジャクフモトシダは、葉身は長三角形、小羽片の基部は広く、中軸に流れてつき、翼をつくる。オドリコカグマは小羽片の切れ込みは深く、羽軸の表面に毛がない。

• 県内・山地に分布するが少ない。 • 全国・本州(関東、中部) • 写真・西伊豆町賀茂

イワヒメワラビ

コバノイシカグマ科

平地から低地の原野や林縁、茶畑の周辺の地上に生える、夏緑性、地域により常緑のシダ植物。全体に白色の毛がある。葉身は三角状長楕円形で、長さ30〜50cm、2〜3回羽状に裂ける。羽片は卵状長楕円形。裂片は鋸歯がある。胞子嚢群は裂片の中脈と辺縁の中間につく。伊豆に大形で、高さ1.5m以上になる、セイタカイワヒメワラビがある。

• 県内・各地の平地から低地に分布する。 • 全国・本州、四国、九州、琉球 • 写真・掛川市小笠山

ワラビ

コバノイシカグマ科

平地から山地の原野や林縁の地上に生える、夏緑性シダ植物。葉身は三角状卵形で、長さ幅共に50cm以上になる。2～3回羽状に裂け、裂片は長楕円形で鈍頭。少し裏側に巻き込む。胞子嚢群は縁に沿って長くのびる。若葉を食用にする。根茎から澱粉をとり、食用や糊に用いる。

• 県内・各地の平地から山地に分布する　• 全国・北海道、本州、四国、九州、琉球、小笠原　• 写真・掛川市小笠山

オオフジシダ

コバノイシカグマ科

山地林内の岩上や地上に生える、常緑性シダ植物。葉は先端がのびて、不定芽を出すことがある。葉身は長三角形、鋭尖頭で、長さ20～50cm。2～3回羽状に裂ける。羽片は披針形、最下部の羽片が最も大きい。小羽片は長楕円形、鈍頭から鋭頭、深い鋸歯があり、下面脈上にまばらに毛がある。胞子嚢群は裂片の葉縁から離れてつく。

• 県内・東部と中部を除く、山地に分布するが少ない。　• 全国・本州、四国、九州　• 写真・伊豆市中伊豆

フジシダ

コバノイシカグマ科

山地林内の岩上や地上に生える、常緑性シダ植物。葉身は線状披針形で、先端は長く伸びて芽をつける。長さ15～30cm。1回羽状に裂ける。羽片は多数つき披針形で、辺縁に鋸歯がある。下面脈上にまばらに毛がある。上部の羽片は次第に小さくなる。胞子嚢群は、羽片の縁に並んでつく。包膜はない。和名の富士は犬山市の尾張富士からつけられた。

• 県内・東部を除く、山地に分布するが少ない。 • 全国・本州、四国、九州 • 写真・伊豆市中伊豆

ホラシノブ

ホングウシダ科

平地から山地の道沿いの崖や岩上、地上に生える、常緑性シダ植物。葉柄は赤褐色。冬季は紅葉する。葉身は長楕円状披針形で、長さ20～60cm。3～4回羽状に分裂、先端は尖る。羽片と小羽片は卵状披針形。裂片はくさび形。胞子嚢群は葉縁に沿ってつき、包膜はコップ状。和名は洞穴に生えるシダの意味であるが、道沿いに多い。

• 県内・各地の平地から山地に分布する。 • 全国・本州、四国、九州、琉球、小笠原 • 写真・掛川市和田岡

ハマホラシノブ

ホングウシダ科

海岸の崖の岩上や地上に生える、常緑性シダ植物。葉は革質。葉身は卵形から長卵形で、長さ10～30cm。2～3回羽状に分裂する。羽片は三角状披針形。裂片は広いくさび形。胞子嚢群は葉縁に沿ってつく。包膜はコップ状。ホラシノブとは、海岸に分布し、葉は革質で、下部の羽片が小さくならないので区別できる。

- 県内・伊豆各地の海岸に分布する。
- 全国・本州、四国、九州、琉球、小笠原
- 写真・下田市須崎

エダウチホングウシダ

ホングウシダ科

山地林内や谷間の岩上や地上に生える、常緑性シダ植物。葉柄は赤褐色。葉は長さ10～50cm。葉身は長三角状長楕円形で、1回羽状に分裂する、下部の羽片はさらに羽状に分裂する。羽片、小羽片はゆがんだ菱形、辺縁に深い切れ込みがある。胞子嚢群は小羽片の先端の縁に沿って、内側寄りに並んでつき、切れ込みで中断される。静岡県は分布の北限自生地。

- 県内・東部を除く、山地に分布するが少ない。
- 全国・本州、四国、九州、琉球
- 写真・御前崎市浜岡

シノブ

シノブ科

山地の樹幹上や岩上に生える、夏緑性シダ植物。根茎は長く横走し、淡褐色の鱗片が密生する。葉身は三角状卵形で、長さ10〜20cm、3〜4回羽状に深裂する。裂片は披針形で鋭頭。胞子嚢群は裂片に1個つく。包膜はコップ状。シノブ玉をつくり観賞する。小形で常緑性のトキワシノブが庭園などで植栽される。

• 県内・各地の山地に分布する。 • 全国・北海道、本州、四国、九州、琉球 • 写真・浜松市水窪

タマシダ

ツルシダ(ツルキジノオ)科

沿岸地の谷間の樹幹上や岩上、地上に群生する、常緑性シダ植物。針金状の硬い根と走出枝を出し、褐色で径1〜2cmの球形の塊をつける。葉身は線状披針形で、長さ50〜60cm。1回羽状に裂ける。羽片は線状楕円形で鈍頭、基部の上側は耳状になる。胞子嚢群は、羽片の縁寄りにつく。包膜は腎臓形で全縁。県内に自生もあるが、観賞用に栽培され逸出している。和名は根に球形の塊がつくことに由来する。

• 県内・伊豆などの自生地はほとんど失われた。平地の人家近くに逸出する。 • 全国・本州、四国、九州、琉球、小笠原
• 写真・掛川市逆川

ヒメミズワラビ

ホウライシダ(イノモトソウ)科

平地の沼地、水田の水中や湿地に生える、1年生シダ植物。葉柄はやや多肉質。葉は二形ある。胞子葉は長さ20〜50cm、2〜3回羽状に裂ける。裂片は細く鋭尖頭。胞子嚢群は葉脈に沿って長くつき、葉辺が反転し包み込む。栄養葉は胞子葉より小さく、2〜3回羽状に深裂する。裂片の切れ込みは不規則で鈍頭。葉を食用にする。県内にはミズワラビは分布しない。

• 県内・各地の平地に分布する。 • 全国・本州、四国、九州、琉球 • 写真・掛川市市内

イワガネゼンマイ

ホウライシダ(イノモトソウ)科

山地林内の地上に生える、常緑性シダ植物。葉身は卵状長楕円形で、長さ1m以上になる。上部は1回、基部は2回羽状に裂ける。羽片は線状楕円形で、先端は急に狭くなり鋭尖頭。縁に細かい鋸歯がある。葉脈は1〜2回、2叉状に分かれ、平行に並び網目にならない。胞子嚢群は葉脈に沿い線状につき、鋸歯まで達する。

• 県内・各地の山地に分布する。 • 全国・北海道、本州、四国、九州、小笠原 • 写真・西伊豆町賀茂

イワガネソウ

ホウライシダ(イノモトソウ)科

山地林内の地上に生える、常緑性シダ植物。葉身は長卵形で、長さ50～60cm。上部は1回、基部は2回羽状に裂ける。羽片は線状楕円形、先端はしだいに狭くなり鋭頭、縁に細かい鋸歯がある。葉脈は網目になり、鋸歯まで達しない。胞子嚢群は葉脈に沿ってつく。イワガネゼンマイとは、羽片の形と葉脈の違いで区別できる。イワガネゼンマイとの雑種、イヌイワガネソウがある。夏緑性で、葉脈は二叉状分岐に網目が混ざる。

• 県内・各地の山地に分布する。 • 全国・北海道、本州、四国、九州、琉球 • 写真・御前崎市浜岡

タチシノブ

ホウライシダ(イノモトソウ)科

低地から山地の林縁や道沿いの岩上や地上に生える、常緑性シダ植物。葉は二形ある。葉身は卵状披針形で、長さ30～60cm。3～4回羽状に裂ける。胞子葉は、栄養葉より裂片はやや狭く、鋭尖頭。胞子嚢群は裂片につき、5mm前後。栄養葉は胞子葉より小さく、切れ込みが浅い。和名はシノブに、葉形が似ることに由来する。

• 県内・各地の低地から山地に分布する。 • 全国・本州、四国、九州、琉球、小笠原 • 写真・浜松市春野

ホウライシダ

ホウライシダ(イノモトソウ)科

平地の市街地や公園、人家近くの道端、水路の石垣などに生える、常緑性シダ植物。葉身は長楕円形で、長さ20～30cm。葉柄は紫褐色、2回羽状に裂ける。羽片はゆがんだ扇形、上側の縁は切れ込む。胞子嚢群は羽片上部の縁につき、葉縁が反り返り包膜状になる。世界各地に分布する。県内の分布は逸出で、自生はない。庭園などで栽培される。

- 県内･各地の平地に逸出する。 • 全国･本州、四国、九州、琉球 • 写真･静岡市市内

ハコネシダ

ホウライシダ(イノモトソウ)科

山地林内の岩上や地上に生える、常緑性シダ植物。葉柄は紫褐色。葉身は三角状卵形で、長さ10～30cm、2～3回羽状に裂ける。羽片は倒三角状卵形で、上縁に不規則な鋸歯がある。胞子嚢群は裂片上部のくぼみ部分に、1個、まれに2個つき、葉縁が反り返り包膜状になる。和名は採集された、箱根山に由来する。ホウライシダとは生育環境、羽片の形などの違いで区別できる。別名ハコネソウ。

- 県内･各地の山地に分布する。 • 全国･本州、四国、九州 • 写真･富士宮市朝霧高原

クジャクシダ

ホウライシダ(イノモトソウ)科

山地林内の岩上や地上に生える、夏緑性シダ植物。葉は長さ15～20cm。葉柄は紫褐色。葉身は卵形から円形で、8～12個の羽片が扇状につく。小羽片は半月状長楕円形、やや深い、数個の切れ込みがある。胞子嚢群は小羽片の上縁に沿ってつき、葉縁が反り返り包膜状になる。和名は羽片の広がりを、クジャクが尾羽を広げた形に見立てている。別名クジャクソウ。

• 県内・各地の山地に分布する。 • 全国・北海道、本州、四国 • 写真・浜松市佐久間

カラクサシダ

ホウライシダ(ウラボシ)科

山地林内の樹幹上や岩上のコケの中に埋まって生える。前年の葉は夏に枯れ、晩夏に新芽を出す、冬緑性シダ植物。葉は全面に褐色の毛がある。葉身は卵状長楕円形で、長さ2～7cm。2回羽状に裂ける。裂片は卵状長楕円、鈍頭から円頭。胞子嚢群は裂片の脈上につく。和名は胞子嚢群の並んだ様子を、唐草模様に見立てている。

• 県内・山地に分布するが少ない。 • 全国・北海道、本州、四国、九州 • 写真・長泉町桃沢川

シシラン

シシラン(イノモトソウ)科

山地林内の樹幹上や岩上に生える、常緑性シダ植物。単葉。葉身は線形で、長さ20〜50cm、幅は4〜7mm、厚くて硬い。先端に向かってしだいに細くなり、鋭尖頭。中肋は裏面に隆起する。胞子嚢群は中肋に平行に、葉の辺縁近くの溝に生じ、葉縁が巻き込む。ナカミシシランは、葉の表面に2列に細い溝がある。和名は葉が群生し垂れ下がる様子を、ライオンのたてがみに見立てている。

• 県内・山地に分布するが少ない。 • 全国・本州、四国、九州、琉球 • 写真・浜松市佐久間

オオバノイノモトソウ

イノモトソウ科

低地から山地の林内や林縁の地上に生える、常緑性シダ植物。葉は二形ある。栄養葉は長さ20〜40cm、1回羽状に裂ける。羽片は3〜7対、最下羽片は分岐する。羽片は線形で頂羽片があり、長さ10〜20cm。幅1.5〜3cm、先端は尾状にのび、細鋸歯がある。胞子葉はやや大きく、胞子嚢群は羽片の辺縁に沿って長く伸び、葉辺が反転し包膜状になる。

• 県内・各地の低地から山地に分布する。 • 全国・本州、四国、九州 • 写真・掛川市小笠山

マツザカシダ

イノモトソウ科

低地から山地の林内や林縁の地上に生える、常緑性シダ植物。葉は二形ある。栄養葉は長さ20〜40cm、1回羽状に裂ける。羽片は1〜3対、最下羽片は分岐する。羽片は線形で、頂羽片があり、長さ10〜15cm。幅1.5〜3cm、先端は尾状にのび、細鋸歯がある。葉の中肋に沿って白斑がある。胞子葉はやや大きく、胞子嚢群は羽片の辺縁に沿って長く伸びる。葉辺が反転し包膜状になる。オオバノイノモトソウに比べると羽片が少なく、白斑があるので区別できる。

• 県内・各地の低地から山地に分布する。 • 全国・本州、四国、九州、琉球 • 写真・島田市千葉山

イノモトソウ

イノモトソウ科

平地から低地の路傍の石垣や岩上や、地上に生える、常緑性シダ植物。葉は二形ある。栄養葉は長さ10〜30cm、1回羽状に裂ける。羽片は1〜3対、最下羽片は分岐し、中軸に翼がある。羽片は線形で、頂羽片があり幅約5mm、先端は尾状に伸び、細鋸歯がある。胞子葉はやや大きく、胞子嚢群は羽片の辺縁に沿って長く伸び、葉辺が反転し包膜状になる。和名は井戸のあたり、もと(許)に生えることに由来する。

• 県内・各地の平地から低地に分布する。 • 全国・本州、四国、九州、琉球 • 写真・牧之原市牧之原

オオバノハチジョウシダ

イノモトソウ科

低地から山地の林内や谷間の地上に生える、常緑性シダ植物。葉身は卵状長楕円形で、長さ1m以上になる。2回羽状に裂ける。羽片は羽状に全裂、胞子嚢群のつかない葉の縁には鋸歯があり、先端は尾状にのびる。小羽片は線状三角形、先端は鋭頭。胞子嚢群は小羽片の先端を除き全体の縁につく。和名はハチジョウシダに葉形が似ていて、大形なので名付けられた。

- 県内・各地の低地から山地に分布する。 • 全国・本州、四国、九州 • 写真・牧之原市牧之原

ハチジョウシダモドキ

イノモトソウ科

低地の林内や林縁の地上に生える、常緑性シダ植物。葉身は長さ約50cm、長楕円形で、2回羽状に裂ける。羽片は7〜10対、羽状に全裂、両縁はほぼ平行、基部は広いくさび形で、下部の羽片は柄がある。最下羽片は1個、希に2個が長くのびる。小羽片の先端は鋭頭。胞子嚢群は小羽片の縁に沿って長くつく。別名コハチジョウシダ。和名は伊豆諸島の八丈島で最初に記録され、ハチジョウシダに葉形が似ることに由来する。絶滅危惧種(県)。

- 県内・伊豆の低地に希に分布する。 • 全国・本州、四国、九州 • 写真・西伊豆町賀茂

アマクサシダ

イノモトソウ科

低地から山地林内の地上に生える、常緑性シダ植物。葉身は長楕円形で、長さ20～40cm、上部は1回分裂する。中部より下部では2回羽状に裂け、三角状披針形、先端は羽裂せず長くのびる。小羽片は線形で鋭頭、胞子嚢群は、小羽片の縁に沿って長くつく。和名は熊本県天草島に分布することに由来する。

• 県内・各地の低地から山地に分布する。 • 全国・本州、四国、九州、琉球 • 写真・浜松市水窪

ナチシダ

イノモトソウ科

山地林内の地上に生える、常緑性シダ植物。葉は長さ2mに達する。葉身は五角形、基部で3羽片に分岐する。羽片は2回羽状に裂ける。小羽片は線状披針形で鋭頭。胞子嚢群は小羽片の縁に沿って長くつく。伊豆に天然記念物に指定された群落がある。和名は和歌山県那智山に由来する。

• 県内・伊豆は各地の山地に分布する。他の地域は少ない。東部には分布しない。 • 全国・本州、四国、九州、琉球
• 写真・西伊豆町賀茂

コタニワタリ

チャセンシダ科

山地林内の地上に生える、常緑性シダ植物。単葉。葉身は披針形で、長さ10〜50cm、全縁で先端は尖り、下部は少し狭くなり、心形で、両側に丸い耳片が出る。胞子嚢群は線形で中軸と縁の中間、小脈上に向かい合って、平行に並んでつく。包膜は線形。観賞用に植栽される。

- 県内・伊豆各地の山地に分布する。他の地域はまれにある。 • 全国・北海道、本州、四国、九州
- 写真・河津町沼の川

クモノスシダ

チャセンシダ科

山地林内の岩上や地上に生える、常緑性シダ植物。単葉。葉身は狭披針形から狭三角形で、長さ5〜20cm、辺縁は不規則な波形。先端はつる状に長くのび、不定芽をつけ、不定芽は成長すると、その先端にさらに芽をつけ広がる。胞子嚢群は裏面脈上につき、長楕円形または線形、不規則に散在する。石灰岩地を好むが、他の岩石にもある。和名は葉がつる状にのびて広がる様子を、クモの巣になぞらえて名付けられた。

- 県内・山地に分布するが少ない。 • 全国・北海道、本州、四国、九州 • 写真・浜松市水窪

クルマシダ

チャセンシダ科

山地林内の岩上や地上に生える、常緑性シダ植物。葉身は長披針形で、長さ70～80cm、1回羽状に裂けて先端は鋭尖頭。羽片は10～20対、線状披針形で鋭頭、鋸歯がある。胞子嚢群は線形、羽片の中脈の両側に斜めに並んでつく。同形の包膜がある。和名は株から葉が車状に出ることにことに由来する。ハヤマシダは葉が2回羽状に裂ける。

• 県内・山地に分布するが少ない。 • 全国・本州、四国、九州、琉球 • 写真・浜松市佐久間

コウザキシダ

チャセンシダ科

山地林内の岩上や地上に生える、常緑性シダ植物。葉身は卵状長楕円形で、長さ10～20cm、2～4回羽状に裂け、先端は長くのびる。羽片は卵状披針形。裂片は披針形で、鋭頭。胞子嚢群は裂片に1個つき、長楕円形。コバノヒノキシダに似るが、葉質が厚い革質で、胞子嚢群は裂片に1個つく。

• 県内・各地の山地に分布する。 • 全国・本州、四国、九州、琉球、小笠原 • 写真・磐田市豊岡町

コバノヒノキシダ

チャセンシダ科

山地の道沿いの岩上や石垣上に生える、常緑性シダ植物。葉身は広披針形で、長さ5〜15cm、2〜3回羽状に裂ける。鱗片は披針形で辺縁に突起や毛がない。羽片は三角状披針形で鋭頭。裂片は短いくさび形で、鋭鋸歯がある。胞子嚢群は裂片に1〜3個つき、長楕円形。同形の包膜がある。和名は小葉の桧シダで、葉の形をヒノキに見立てている。

• 県内・各地の山地に分布する。 • 全国・本州、四国、九州 • 写真・西伊豆町賀茂

トキワトラノオ

チャセンシダ科

低地から山地の道沿いの岩上や石垣上に生える、常緑性シダ植物。葉身は広披針形で、長さ10〜20cm、2〜3回羽状に裂ける。コバノヒノキシダに似るが葉は厚く表面に光沢があり、羽片、小羽片、裂片はやや幅が広い。鱗片は披針形で付着点の背面に、褐色の毛が密生する、などの違いがある。和名は常緑のトラノオシダの意味である。

• 県内・各地の低地から山地に分布する。 • 全国・本州、四国、九州、琉球 • 写真・浜松市浜北森林公園

トキワシダ

チャセンシダ科

山地林内の岩上に生える、常緑性シダ植物。葉身は披針形で、長さ30〜40cm、1回羽状に裂ける。羽片は15〜25対、ゆがんだひし形で、羽状に浅裂から深裂する。裂片には深い鋸歯がある。胞子嚢群は線形、羽片の中肋寄り、側脈に沿ってつき、3〜7mm。和名は常緑で冬も緑色なので名付けられた。

• 県内・伊豆と東部を除く、山地に分布するが少ない。 • 全国・本州、四国、九州 • 写真・浜松市浜北森林公園

アオガネシダ

チャセンシダ科

山地林内の樹幹上や岩上に生える、常緑性シダ植物。葉柄と中軸の下部は黒褐色。葉身は卵状披針形で、長さ10〜35cm、3〜4回羽状に裂け、深く切れ込み、鋭頭。羽片は三角状卵形。裂片はくさび形で、前縁に少数の鋸歯がある。最終裂片の葉脈は1〜2本。胞子嚢群は裂片に1〜2個つき、線形から長楕円形、長さ約1〜3mm。和名は葉柄が硬く、緑色であることを鉄に見立てている。

• 県内・山地に分布するが少ない。 • 全国・本州、四国、九州、琉球 • 写真・伊豆市天城湯ヶ島町

オクタマシダ

チャセンシダ科

山地林内の樹幹上や岩上に生える、常緑性シダ植物。葉身は広披針形で、長さ10〜30cm、2〜3回羽状に裂ける。アオガネシダに似るが、羽状回数が少なく、葉身の切れ込みは浅く、最終羽片の葉脈は2〜6本。胞子嚢群は長さ約5mm。浜松市佐久間で、日本で初記録され、当初、アオガネシダモドキと名付けられた。和名は東京都の奥多摩に由来する。絶滅危惧種(国)

• 県内・伊豆と東部を除く、山地に分布するが少ない。 • 全国・本州、四国 • 写真・浜松市佐久間

イワトラノオ

チャセンシダ科

山地林内の渓流沿いの岩上に生える、常緑性シダ植物。葉身は広披針形で、長さ5〜15cm、2回羽状に裂ける。羽片は羽状に深裂し、裂片または鋸歯になる。裂片は円頭、胞子嚢群は裂片に1〜4個つき長楕円形で、長さ2〜3mm。包膜は同形で、黄味を帯びた白色。小形のコバノヒノキシダに似るが、羽軸の表面に、溝があるので区別できる。

• 県内・各地の山地に分布する。 • 全国・北海道、本州、四国、九州 • 写真・西伊豆町賀茂

トラノオシダ

チャセンシダ科

平地から低地の道沿いの石垣上や地上に生える、常緑性シダ植物。葉は二形ある。胞子のつかない葉は披針形で、長さ20cm前後、低く広がり、1〜2回羽状に裂ける。羽片は長卵形、下部はしだい小さくなる。小羽片は倒卵形、縁に鋸歯があり、先端は尖る。胞子のつく葉は、直立し披針形、胞子嚢群は長楕円形で、中肋寄りにつく。包膜は線状。和名は葉形を虎の尾に例えている。

- 県内・各地の平地から低地に分布する。 • 全国・北海道、本州、四国、九州、琉球 • 写真・掛川市小笠山

チャセンシダ

チャセンシダ科

山地道沿いの岩上や石垣上に生える、常緑性シダ植物。葉柄は光沢のある紫褐色、葉が落ちても残る。葉柄と中軸に褐色で薄い2枚の翼がある。葉身は線状披針形で、長さ15〜25cm、1回羽状に裂ける。羽片は20対以上ある。長楕円形で円頭、鋸歯がある。胞子嚢群は長楕円形から線形で、羽片に数個つく。和名は束生した葉柄を、茶の湯で使う茶筅（チャセン）に見立てている。

- 県内・山地に分布するが少ない。 • 全国・北海道、本州、四国、九州 • 写真・浜松市春野

イヌチャセンシダ

チャセンシダ科

山地道沿いの石垣上や岩上に生える、常緑性シダ植物。葉柄は光沢のある紫褐色で、羽片の落ちた軸が多数残る。葉身は線状披針形で、長さ15～30cm、1回羽状に裂ける。葉柄と中軸の翼は3枚ある。葉柄はもろくて折れやすい。中軸に無性芽がつくことが多い。チャセンシダとは、中軸の翼が3枚あるので区別できる。チャセンシダより、暖地に生育する。

- 県内·山地に分布するが少ない。 ● 全国·本州、四国、九州 ● 写真·浜松市春野町

ヌリトラノオ

チャセンシダ科

山地林内の樹幹上や岩上、地上に生える、常緑性シダ植物。葉柄は光沢のある紫褐色。葉身は線状披針形、長さ10～30cm、1回羽状に裂ける。羽片は40対ほどある。中軸の先端に、不定芽をつけることが多い。長楕円形で円頭、辺縁は深く切れ込む。胞子嚢群は中肋と辺縁の中間につく。線形で長さ1～4mm。和名は漆を塗ったような葉柄に由来する。

- 県内·東部を除く、山地に分布するが少ない。 ● 全国·本州、四国、九州、琉球 ● 写真·河津町下河津

ホウビシダ

チャセンシダ科

山地林内の岩上に生える、常緑性シダ植物。葉柄と中軸は光沢のある紫褐色。葉質は薄くて草質。葉身は披針形で、長さ20～30cm、先端は尾状に長くのび、1回羽状に裂ける。羽片は15～20対、披針形で鋭尖頭、鋸歯がある。胞子嚢群は中脈と辺縁の中間に並んでつく。同形の包膜がある。和名は鳳凰(ホウオウ)の尾に似たシダの意味である。

• 県内・山地に分布するが少ない。 • 全国・本州、四国、九州 • 写真・河津町沼の川

シシガシラ

シシガシラ科

山地林内の地上に生える、常緑性シダ植物。葉は二形ある。栄養葉は披針形で、長さ30～40cmで中央より上で、最も幅が広くなる。1回深く切れ込む。羽片は30対以上、線形で鋭頭。中脈の上面に浅い溝があり裏面に隆起する。胞子葉は栄養葉より高く、羽片はまばらにつき、幅は狭い。胞子嚢群は胞子葉の下面につき、羽片の両縁が巻き込み包む。和名は放射状に出る葉を、獅子のたてがみに見立てている。

• 県内・各地の山地に分布する。 • 全国・北海道、本州、四国、九州 • 写真・浜松市春野

オサシダ

シシガシラ科

山地林内の岩上に生える、常緑性シダ植物。葉は二形ある。栄養葉は線状長楕円形で、長さ20〜30cm、1回深く切れ込む。羽片は線形で鋭頭。中脈の上面に浅い溝がない。胞子葉は栄養葉より幅は狭い。羽片は線状で鈍頭、胞子嚢群は胞子葉の下面につき、羽片の両縁が巻き込み包む。シシガシラに似るが、岩上に生え、小形で、栄養葉の羽片の中肋は、表面から見えない。和名は機織りに使う筬(オサ)に葉形が似ることに由来する。

• 県内·各地の山地に分布する。 • 全国·本州、四国、九州 • 写真·島田市湯日

ハイコモチシダ

シシガシラ科

低地林内の岩上や地上に生える、常緑性シダ植物。若い葉は紅色を帯びる。葉身は広披針形で、長さ1m以上になる。2回羽状に深く切れ込む。羽片は狭卵状披針形で鋭尖頭。裂片は鋸歯がある。上部羽片の付着点に、鱗片で覆われた大きな不定芽が出来る。胞子嚢群は長楕円形、裂片の中肋近くにつく。伊豆市浄蓮の滝で、最初に発見されたので、ジョウレンシダの別名がある。伊豆は分布の北東限自生地。

• 県内·伊豆の低地にまれに分布する。 • 全国·本州、九州 • 写真·伊豆市天城湯ヶ島

コモチシダ

シシガシラ科

低地から山地の崖から垂れ下がって生える、常緑性シダ植物。葉身は広卵形で、長さ1m以上になる。2回羽状に裂ける。羽片は中裂から深裂し、卵状披針形。裂片は鋸葉がある。葉の表面に無性芽が多数つく。胞子嚢群は長楕円形、裂片の中肋近くにつく。ハイコモチシダに似るが、羽片の幅はやや広く、中軸に不定芽がつかない。和名は葉の表面につく不定芽を、シダの子を持つとして名付けられた。

- 県内・各地の低地から山地に分布する。 • 全国・本州、四国、九州 • 写真・掛川市小笠山

メヤブソテツ

オシダ科

山地林内の岩上や地上に生える、常緑性シダ植物。葉身は狭長楕円形で、長さ約50cm。羽状に1回裂ける。頂羽片が発達する。羽片は卵状披針形で2〜8対、鋭尖頭、基部に耳状突起が前側または両側に出る。基脚は円形。胞子嚢群は円形、葉裏に多数散在する。鋸歯のはっきりした包膜と、羽片の辺縁の鋭い鋸歯が、他のヤブソテツ類との区別点になる。石灰岩地を好むが、他の岩質の場所にもある。

- 県内・山地に分布するが少ない。 • 全国・本州、四国、九州 • 写真・静岡市蒲原

オニヤブソテツ

オシダ科

海岸から沿海地の林縁や道沿いの岩上、石垣上、地上に生える、常緑性シダ植物。葉身は卵状長楕円形で、長さ20〜60cm、羽状に1回裂ける。頂羽片が発達する。羽片は卵状長楕円形で鎌形状、7〜18対、耳片は出ない、基脚は円形で、鋭尖頭。胞子嚢群は円形、葉裏に多数散在する。中央部が黒色で、全縁の包膜がある。他のヤブソテツ類とは、羽片が厚い革質で、強い光沢があり、先端まで全縁なので区別できる。

• 県内・各地の海岸や沿海地に分布する。 • 全国・本州、四国、九州、琉球 • 写真・沼津市大瀬崎

ヒメオニヤブソテツ

オシダ科

海岸の波打ち際に近い、岩上に生える常緑性シダ植物。葉に光沢があり、厚い革質。葉身は卵状長楕円形で、長さ20cm以下、羽状に1回裂ける。頂羽片が発達する。羽片は卵状楕円形で、1〜数対、耳片は出ない、基脚は心形で、鋭尖頭。胞子嚢群は円形、葉裏に多数散在する。オニヤブソテツに似るが、小形でも胞子をよくつけるので区別できる。

• 県内・伊豆の海岸に広く分布する。中部にまれにある。 • 全国・北海道、本州、四国、九州 • 写真・下田市神子元島

ナガバヤブソテツ

オシダ科

山地林内の岩上や地上に生える、常緑性シダ植物。葉身は卵状楕円形で、長さ20～80cm、羽状に1回裂ける。頂羽片が発達する。羽片は広披針形で、10～20対、両縁はやや平行に長くのび、耳片は出ない、基脚はくさび形。胞子嚢群は円形、葉裏に多数散在する。オニヤブソテツとは、山地にあり、葉面の光沢は少なく、葉質はやや薄く、羽片は幅が狭く、基部は広いくさび形になるので区別できる。

• 県内・各地の山地に分布する。 • 全国・本州、四国、九州 • 写真・西伊豆町賀茂

テリハヤブソテツ

オシダ科

低地から山地の林縁や道沿いの岩上や地上に生える、常緑性シダ植物。葉身は卵状披針形で、長さ20～60cm、羽状に1回裂ける。頂羽片が発達する。羽片は卵状披針形で、15～20対、耳片は出ることはまれ、基脚は卵形から直線的。胞子嚢群は円形、葉裏に多数散在する。包膜は濃褐色にならない。他のヤブソテツ類とは、葉面に光沢があり、羽片が小形で、数が多いので区別できる。

• 県内・各地の低地から山地に分布する。 • 全国・本州、四国、九州 • 写真・牧之原市牧之原

ミヤコヤブソテツ

オシダ科

山地林内の地上に生える、常緑性シダ植物。葉に光沢がない。葉身は三角状長楕円形で、長さ20〜60cm、羽状に1回裂ける。頂羽片が発達する。羽片は三角状長楕円形、先端に向かって狭くなり、10〜15対、耳片がある。胞子嚢群は円形で、葉裏に多数散在する。他のヤブソテツ類とは、羽片の形と包膜の中心部が黒褐色で辺縁は灰白色になるので区別できる。

• 県内・山地に分布するが少ない。 • 全国・本州、四国、九州 • 写真・静岡市大河内

ヤマヤブソテツ

オシダ科

低地から山地の林内の地上に生える、常緑性シダ植物。葉に光沢がある。葉身は長楕円形で、長さ20〜60cm、羽状に1回裂ける。頂羽片が発達する。羽片は長楕円形で幅が広く、10対前後、基脚は円形で、耳片が発達する。胞子嚢群は円形、葉裏に多数散在する。包膜は灰白色。羽片の辺縁が不規則に切れ込むのがあり、ノコギリヤマヤブソテツの名がつけられている。他のヤブソテツ類とは、羽片の幅が広く、数が少なく、耳片が発達するので区別できる。

• 県内・各地の低地から山地に分布する。 • 全国・北海道、本州、四国、九州 • 写真・浜松市佐久間

ツクシヤブソテツ

オシダ科

山地林内の岩上や地上に生える、常緑性シダ植物。葉に光沢がない。葉身は卵状長楕円形で、長さ20〜60cm、羽状に1回裂ける。頂羽片が発達する。羽片は卵状長楕円形で、6〜10対、基部は広いくさび形で、耳片は出ない。胞子嚢群は円形、葉裏に多数散在する。包膜の中央の色が濃い。他のヤブソテツ類とは、羽片の基部がくさび形なので区別できる。絶滅危惧種(県)

• 県内・東部を除く、山地に分布するが少ない。 • 全国・本州、四国、九州 • 写真・静岡市南藁科

オリヅルシダ

オシダ科

山地林内の岩上や地上に生える、常緑性シダ植物。全体に茶褐色の鱗片が多い。葉身は狭披針形で、長さ20〜40cm、羽状に1回裂ける。普通葉と、中軸が伸びて、先端に不定芽をつける葉がある。羽片は三角状披針形、鋭尖頭。基部に耳片がある。胞子嚢群は羽片の中脈と葉縁の中間に並んでつく。和名は不定芽のつく様子を糸につるした折鶴に見立てている。

• 県内・山地に分布するが少ない。 • 全国・本州、四国、九州、琉球 • 写真・西伊豆町賀茂

ツルデンダ

オシダ科

山地林内や道沿いの崖面の岩上、地上に生える、常緑性シダ植物。葉身は線状披針形で、長さ10〜20cm、羽状に1回裂ける。先端は長くのびて、無性芽をつける。羽片は卵状長楕円形で、20〜30対つき、辺縁に浅い鋸歯がある。胞子嚢群は羽片の辺縁沿いに1列につく。包膜は円形で径2mmで目立つ。和名のデンダはシダの古名。蔓シダのことである。

● 県内・各地の山地に分布する。 ● 全国・北海道、本州、四国、九州 ● 写真・浜松市引佐

ジュウモンジシダ

オシダ科

山地林内の岩上や地上に生える、夏緑性シダ植物、地域により常緑性。葉は長さ50cm以上になる。葉身は1回羽状に裂ける、大きい頂羽片と下部の1対の側羽片があり、側羽片はさらに、羽状に裂ける。辺縁に鋸歯がある。胞子嚢群は羽片に散在する。葉形が十文字型になる特徴的なシダで、類似のシダは県内にはない。和名は葉形が十文字になることに由来する。下部の側羽片が発達しないヒトツバジュウモンジシダがある。

● 県内・各地の山地に分布する。 ● 全国・北海道、本州、四国、九州 ● 写真・浜松市佐久間

ヒメカナワラビ

オシダ科

山地林内の渓流沿いの岩上や地上に生える、常緑性シダ植物。葉身は披針形で、長さ40～60cm、2回羽状に裂ける。羽片は線状披針形で、小羽片はひずんだ長菱形で、先端は刺状。胞子嚢群は小羽片の中肋にやや近くにつく、葉身の下部からつき始め、上部の途中で止まる。別名キヨズミシダ。オオキヨズミシダは、全体がやや大形で葉質が硬く、胞子嚢群は葉の全面につく。

• 県内・各地の山地に分布する。 • 全国・本州、四国、九州 • 写真・浜松市浜北森林公園

サイゴクイノデ

オシダ科

山地林内の地上に生える、常緑性シダ植物。葉面は光沢がない。葉身は長楕円状披針形で、長さ40～100cm、2回羽状に裂ける。羽片は長楕円状披針形。小羽片は菱形の卵状楕円形、鈍頭から円頭、辺縁は浅く切れ込む。胞子嚢群は小羽片の縁寄りに、小羽片の耳状突起からつき始める。類似種とは胞子嚢群の着き方と、葉柄下部に黒褐色の鱗片があるので区別できる。カタイノデは葉柄下部に黒色で硬い鱗片がある。

• 県内・山地に分布するが少ない。 • 全国・本州、四国、九州 • 写真・牧之原市牧之原

イノデモドキ

オシダ科

山地林内の地上に生える、常緑性シダ植物。葉身は狭披針形で、長さ40～80cm、2回羽状に裂ける。羽片は広線形。小羽片は菱形の卵状楕円形、鋭頭で辺縁は浅く切れ込む。胞子嚢群は小羽片の縁寄りにつく。類似種とは胞子嚢群が小羽片の縁につくこと、葉柄下部の鱗片が一様に褐色で、縁が著しく裂けるので区別できる。和名はイノデに葉形が似るのでモドキと名付けられた。

- 県内・各地の山地に分布する。 • 全国・本州、四国、九州 • 写真・掛川市粟ヶ岳

イノデ

オシダ科

山地林内の地上に生える、常緑性シダ植物。葉身は狭披針形で、長さ40～100cm、2回羽状に裂ける。羽片は広線形。小羽片は菱形の卵状楕円形、鋭頭で辺縁に鋸歯があり、先端は芒状になる。胞子嚢群は小羽片の中肋と辺縁の中間につく。類似種とは胞子嚢群のつく位置と、葉柄下部の鱗片は褐色で縁に鋸歯があるので区別できる。和名は鱗片が密生する、拳状の若芽を猪の手に見立てた。ツヤナシイノデは、淡褐色の鱗片が密生する。

- 県内・各地の山地に分布する。 • 全国・本州、四国、九州 • 写真・浜松市浜北森林公園

アスカイノデ

オシダ科

沿海地の林内や林縁の地上に生える、常緑性シダ植物。葉身は狭披針形で、長さ50〜80cm、2回羽状に裂ける。羽片は広線形。小羽片は菱形の卵状楕円形で、辺縁は浅く切れ込み、鋭頭。胞子嚢群は小羽片の中肋と辺縁の中間につく。類似種とは沿海地にあること、胞子嚢群のつく位置と、葉柄の鱗片が狭披針形でねじれ、全縁で、中軸の鱗片は毛状なので区別できる。アイアスカイノデは鱗片が披針形で栗色が混ざる。

• 県内・各地の沿海地に分布する。 • 全国・本州、四国 • 写真・吉田町神戸

ナンゴクナライシダ

オシダ科

山地林内の地上に生える、常緑性シダ植物。葉柄は赤褐色。葉身は五角形で、長さ25〜40cm、4回羽状に裂ける。羽片は三角状披針形で鋭頭。最終裂片は鈍頭で、辺縁に鋸歯がある。羽軸の表面に毛が密生する。胞子嚢群は大きく、1〜1.5mm。和名は長野県奈良井で、最初に採集されたことに由来する。

• 県内・各地の山地に分布する。 • 全国・本州、四国、九州 • 写真・富士宮市人穴

ホソバナライシダ

オシダ科

山地林内の地上に生える、常緑性シダ植物。葉柄はわら色で、赤褐色にはならない。葉身は五角形で、長さ30～50cm、4回羽状に裂ける。羽片は三角状披針形で鋭頭。裂片は深く切れ込み、鋭頭で、辺縁に鋸歯がある。羽軸の表面には毛がない。胞子嚢群は小形で1mm前後。ナンゴクナライシダとは、葉柄がわら色で、羽軸の毛が少ないので区別できる。

- 県内・山地に分布するが少ない。 • 全国・北海道、本州、四国、九州 • 写真・静岡市梅ヶ島

リョウメンシダ

オシダ科

山地林内の地上に生える、常緑性シダ植物。葉身は長楕円形で、長さ40～60cm、3～4回羽状に裂ける。羽片は長楕円形で尖る。小羽片は広楕円形、鋭頭で鋸歯がある。胞子嚢群は裂片の中肋寄りにつき、包膜は大きい。葉身の下部中央から、外に向かい順につく。和名は葉の両面がほとんど同じ色をするので名付けられた。

- 県内・各地の山地に分布する。 • 全国・北海道、本州、四国、九州 • 写真・愛鷹山

シノブカグマ

オシダ科

山地林内の地上に生える、常緑性シダ植物。葉身は卵状楕円形で、長さ40～60cm、3回羽状に裂ける。羽片は卵状披針形で鋭頭。小羽片は長楕円形、羽状に裂ける。鈍頭から鋭頭、鋸歯がある。胞子嚢群は葉脈に頂生し、列片の辺縁寄りにつく。包膜は円腎形。和名はシノブに似ることに由来する。カグマは古いシダの呼び名である。

• 県内･伊豆を除く、各地の山地に分布する。 • 全国･北海道、本州、四国、九州 • 写真･富士山富士宮口

オオカナワラビ

オシダ科

山地林内の地上に生える、常緑性シダ植物。葉身は楕円状披針形で、長さ20～40cm、2回羽状に裂ける。側羽片は5～10対、先は急に細く、頂羽片になる。最下羽片の第一小羽片は、長くのびる。小羽片は楕円形で、鋭頭、刺状の鋸歯がある。胞子嚢群は葉脈に頂生し、裂片の辺縁近くにつく。

• 県内･各地の山地に分布する。 • 全国･本州、四国、九州 • 写真･浜松市浜北森林公園

ハカタシダ

オシダ科

山地林内の地上に生える、常緑性シダ植物。葉身は卵状長楕円形で、長さ20～40cm、2回羽状に裂ける。側羽片は3～5対、先は急に細く、頂羽片になる。最下羽片の第一小羽片は、著しく長くのびる。羽片の表面、羽軸に沿って白い筋が出ることがある。小羽片は三角状楕円形で鋭頭、鋸歯がある。胞子嚢群は裂片の辺縁と中肋の中間につく。オオカナワラビとは葉形と胞子嚢群のつく位置の違いから区別できる。和名は葉の白斑を博多織の美しさにで例えた。

• 県内・各地の山地に分布する。 • 全国・本州、四国、九州 • 写真・浜松市佐久間

オニカナワラビ

オシダ科

山地林内の地上に生える、常緑性シダ植物。葉身は卵状長楕円形で、長さ20～40cm、2回羽状に裂ける。側羽片は上部に向かって次第に小さくなり、頂羽片にならない。最下羽片の第一小羽片は、やや大形になる。小羽片は三角状楕円形で、鋭頭、鋸歯がある。胞子嚢群は裂片の辺縁と中肋の中間につく。ハカタシダとは、側羽片の数が多く頂羽片がないこと、葉の表面に白い筋が出ないので区別できる。

• 県内・各地の山地に分布する。 • 全国・本州、四国、九州 • 写真・愛鷹山

コバノカナワラビ

オシダ科

低地から山地林内の地上に群生する、常緑性シダ植物。葉は二形出る。葉身は五角状倒円形で、長さ20～60cm、2～3回羽状に裂ける。側羽片は上部に向かって次第に小さくなり、頂羽片にならない。最下羽片の第一小羽片は、やや大形になる。小羽片は楕円形、鋸歯がある。胞子葉は高く直立し、小羽片はやや小さい。胞子嚢群は裂片の中肋近くにつく。

• 県内・各地の低地から山地に分布する。 • 全国・本州、四国、九州、琉球 • 写真・牧之原市牧之原

ホソバカナワラビ

オシダ科

低地から山地林内の地上に群生する、常緑性シダ植物。葉は二形出る。葉身は五角状倒円形で、長さ20～60cm、3～4回羽状に裂ける。側羽片は5～10対、先端は急に細くなり、頂羽片になる。最下羽片の第一小羽片は、著しくのびる。小羽片は楕円形、鋸歯がある。胞子葉はやや大きい。胞子嚢群は裂片の中肋近くにつく。コバノカナワラビとは、根茎が長く横走し、頂羽片があるので区別できる。

• 県内・各地の低地から山地に分布する。 • 全国・本州、四国、九州、琉球 • 写真・浜松市三ヶ日

タニヘゴ

オシダ科

山地の湿地に生える、夏緑性シダ植物。葉身は楕円状披針形で、長さ1m、1回羽状に裂ける。下方の羽片は次第に小さくなり、最大の羽片の半分以下になる。羽片は線状披針形、羽状に浅裂から深裂。裂片は円頭で細かい鋸歯がある。胞子嚢群は葉の上部につき、羽片の中肋よりに並ぶ。鱗片は褐色。イワヘゴは、山地の谷間に生え、下部の羽片は小さくならない。鱗片は黒色。絶滅危惧種(県)。

• 県内･山地に希に分布する。 • 全国･北海道、本州、四国、九州 • 写真･富士宮市田貫湖

オシダ

オシダ科

山地林内の地上に群生する、夏緑性シダ植物。大形のシダで、葉を車座状に出し群生する。葉身は楕円状披針形で、1mほどになり、2回羽状に裂ける。下方の羽片は次第に小さくなり、最大の羽片の1/3以下になり、羽片は線状披針形で鋭尖頭、羽状に深裂から全裂する。裂片は狭楕円形、鋸歯があり、鈍頭から円頭。胞子嚢群は上部の羽片につき、小羽片の中肋寄りにつく。和名は壮大なシダなので名付けられた。別名メンマ(綿馬)は、根茎を駆虫薬に用いることに由来する。

• 県内･各地の山地に分布する。 • 全国･北海道、本州、四国 • 写真･小山町須走

オクマワラビ

オシダ科

山地の林縁や道沿いの地上に生える、常緑性シダ植物。鱗片は黒褐色。葉身は長楕円形で、長さ40～60cm。2回羽状に裂ける。下方の羽片は小さくならない。披針形で羽状に深裂する。裂片は長楕円形、鈍頭から円頭、鋸歯がある。胞子嚢群は葉身の上半分の羽片につき、裂片の中肋と辺縁の中間につく。和名はクマワラビより頑強に見えるので名付けられた。

• 県内・各地の山地に分布する。 • 全国・北海道、本州、四国、九州 • 写真・浜松市浜北森林公園

クマワラビ

オシダ科

山地の林縁や道沿いの地上に生える、常緑性シダ植物。鱗片は褐色から赤褐色。葉身は長楕円形、長さ30～60cm。2回羽状に裂ける。下方の羽片はわずかに小さくなる。羽片は長卵状楕円形で羽状に深裂する。裂片は長楕円形で鋭頭。胞子嚢群は葉身の上部1/4～1/3の羽片につく。胞子を散布すると羽片は枯れる。オクマワラビとは、胞子嚢群のつく位置が上部1/3より狭いので区別できる。和名は葉柄基部の鱗片が、密生する様子を熊の毛に見立てた。

• 県内・各地の山地に分布する。 • 全国・北海道、本州、四国、九州 • 写真・静岡市梅ヶ島

ミヤマイタチシダ

オシダ科

山地林内の地上に生える、半常緑性シダ植物。冬季枯れる葉もある。葉身は卵状長楕円形で、長さ20〜40cm、2回羽状に裂ける。羽片は長卵形で、7〜8対つく。最下羽片は大きく、三角状卵形。小羽片は卵状披針形で、鋭頭。裂片には鋸歯がある。胞子嚢群は葉身の上半分につき、小羽片の中肋寄りにつく。

- 県内･山地に分布するが少ない。 • 全国･北海道、本州、四国、九州 • 写真･富士宮市毛無山

ナガバノイタチシダ

オシダ科

山地林内の地上に生える、常緑性シダ植物。葉身は卵状長楕円形で、長さ30〜50cm、2〜3回羽状に裂ける。羽片は三角状披針形で、7〜8対つき、先端は尾状にのびる。最下羽片は大きく、三角状卵形。小羽片は卵状長楕円形、鈍頭から鋭頭、羽状に浅裂から深裂、裂片に鋸歯がある。胞子嚢群は中肋近くにつく。

- 県内･各地の山地に分布する。 • 全国･本州、四国、九州、琉球 • 写真･静岡市宇津の谷峠

シラネワラビ

オシダ科

山地から亜高山の林内の地上に群生する、夏緑性シダ植物。葉身は五角状長楕円形で、長さ30～50cm、3回羽状に裂ける。羽片は卵状披針形で鋭尖頭、最下羽片は三角状卵形。小羽片は楕円形で鋭頭、羽状に深裂から全裂する。裂片に芒状の鋸歯がある。胞子嚢群は裂片の中肋と辺縁の中間につく。和名は栃木県の白根山で採られたことに由来する。

• 県内・各地の山地から亜高山に分布する。 • 全国・北海道、本州、四国、九州 • 写真・裾野市東臼塚

ミサキカグマ

オシダ科

山地林内や路傍の岩上や地上に生える、夏緑性シダ植物。葉身は五角形状広卵形で、長さ15～30cm、3回羽状に裂ける。羽片は三角状披針形、鋭尖頭で、最下羽片は三角状卵形。小羽片は卵状長楕円形で鋭頭、鋸歯がある。胞子嚢群は裂片の辺縁寄りにつく。別名ホソバイタチシダはヤマイタチシダに比べ、葉が細いので名付けられた。

• 県内・各地の山地に分布する。 • 全国・本州、四国、九州 • 写真・富士宮市麓

サイゴクベニシダ

オシダ科

山地林内や道沿いの地上に生える、常緑性シダ植物。葉身は卵状長楕円形で、長さ30〜60cm、2回羽状に裂ける。羽片は披針形で鋭尖頭。小羽片は卵状長楕円形で、鈍頭から円頭。基部はやや耳状で心形。胞子嚢群は裂片の中肋と辺縁の中間からやや縁寄りにつく。葉柄や中軸に、赤褐色から濃褐色の鱗片が密生するのが特徴である。和名は西国に分布するので名付けられた。

- 県内・山地に分布するが少ない。 • 全国・本州、四国、九州 • 写真・浜松市佐久間

ナチクジャク

オシダ科

低地から山地の林内や崖地の岩上や地上に生える、常緑性シダ植物。葉身は長楕円状披針形で、長さ20〜40cm、1回羽状に裂ける。羽片は披針形で基部は心形、辺縁には波状の大きな鋸歯がある。胞子嚢群は羽片の中肋寄りにつく。切れ込みの浅いマルバベニシダに似るが、葉身の幅が狭く、最下羽片が小さくなるので区別できる。和名は和歌山県那智山で発見されたことに由来する。

- 県内・低地から山地に分布するが少ない。 • 全国・本州、四国、九州 • 写真・浜松市天竜

マルバベニシダ

オシダ科

山地林内や林縁の地上に生える、常緑性シダ植物。葉身は卵状長楕円形で、長さ20〜60cm、2回羽状に裂ける。羽片は披針形で鋭尖頭。小羽片は長楕円形で円頭。辺縁は鋸歯縁から中裂、個体差が大きい。胞子嚢群は裂片の中肋に沿ってつく。他のベニシダ類とは葉柄の鱗片が赤褐色、小羽片は円頭、中肋に沿って胞子嚢群がつくので区別できる。

• 県内・各地の山地に分布する。 • 全国・本州、四国、九州 • 写真・掛川市小笠山

エンシュウベニシダ

オシダ科

山地林内の地上に生える、常緑性シダ植物。葉身は卵状楕円形で、先端は尾状にのび、長さ20〜60cm、2回羽状に裂ける。羽片は披針形で鋭尖頭。小羽片は長楕円形、鈍頭から円頭。基部は耳状になる。胞子嚢群は裂片の中肋に沿ってつく。小羽片と中軸の鱗片はサイゴクベニシダ、胞子嚢群の位置はマルバベニシダと両方の中間的な形をする。和名は遠州とつくがタイプ地は京都である。

• 県内・山地に分布するが少ない。 • 全国・本州、四国、九州 • 写真・静岡市梅ヶ島

ヌカイタチシダ

オシダ科

山地谷間の岩上や地上に生える、常緑性シダ植物。若い葉は紅紫色を帯びる。葉身は卵状長楕円形で、長さ30〜50cm、3回羽状に裂ける。羽片や小羽片は直角に近い角度でつく。羽片は線状披針形。小羽片は三角状長楕円形、鈍頭から鋭頭。胞子嚢群は小羽片の中脈近くに、葉身の中央部からつき始める。包膜はない。

• 県内・東部を除く、山地に分布するが少ない。 • 全国・本州、四国、九州 • 写真・掛川市小笠山

ヤマイタチシダ

オシダ科

山地林内や林縁の地上に生える、常緑性シダ植物。葉身は卵状長楕円形で、長さ30〜50cm、上部はしだいに細くなる。羽状に2回裂ける。羽片は広披針形。小羽片は三角状披針形、羽状に浅裂から深裂する。裂片は全縁で裏面にわずかに巻く。胞子嚢群はやや大形、小羽片の中脈近くに並んでつく。包膜は大きい。イタチシダ類は、最下羽片が最大で、その第一小羽片は特に大きいのが、ベニシダ類との区別点である。和名は山に生えるイタチシダで、葉柄の黒色の鱗片をイタチの毛になぞらえた。

• 県内・各地の山地に分布する。 • 全国・北海道、本州、四国、九州 • 写真・掛川市粟ヶ岳

ヒメイタチシダ

オシダ科

低地から山地の林内や林縁の地上に生える、常緑性シダ植物。葉面は光沢が少ない。葉身は五角状広卵形で、長さ30～50cm、2回羽状に裂ける。羽片は広披針形で、重なり合う。小羽片は三角状披針形、羽状に浅裂から深裂する。胞子嚢群は、小羽片の中脈近くに並んでつく。葉柄の鱗片は光沢のある黒色で、周囲に淡褐色の部分がある。

• 県内・各地の低地から山地に分布する。 • 全国・本州、四国、九州 • 写真・掛川市小笠山

オオイタチシダ

オシダ科

低地から山地の林内や林縁の地上に生える、常緑性シダ植物。葉身は卵状長楕円形で長さ40～60cm、2回羽状に裂け、上部は多少ほこ形になる。羽片は広披針形。小羽片は三角状披針形、羽状に浅裂から深裂する。裂片に鋸歯がある。胞子嚢群は小羽片の中脈近くに並んでつく。ヤマイタチシダとは、葉身の上部はやや急に狭くなり、裂片は裏面上に反曲せず、微鋸歯があるなどの違いがある。

• 県内・各地の低地から山地に分布する。 • 全国・本州、四国、九州、琉球 • 写真・御前崎市桜ヶ池

ベニシダ

オシダ科

低地から山地の地上に生える、常緑性シダ植物。葉身は卵状長楕円形で、長さ30～60cm、2回羽状に裂け、上部に向かい次第に小さくなり尖る。羽片は披針形で鋭尖頭。小羽片は長楕円形、基部は広いくさび形、鋸歯があり、鋭頭から鈍頭。胞子嚢群は中脈と辺縁の中間、やや中脈寄りにつく。和名は若葉の時、赤紫色から赤褐色になるので名付けられた。包膜も若葉では美しい紅色になる。

• 県内･各地の低地から山地に分布する。 • 全国･本州、四国、九州、琉球 • 写真･富士宮市粟倉

トウゴクシダ

オシダ科

低地から山地林内の地上に生える、常緑性シダ植物。葉身は広卵状楕円形で、長さ30～100cm、2～3回羽状に裂け、先端は急に狭くなり尖る。羽片は披針形で鋭尖頭。小羽片は卵状楕円形、羽状に切れ込み鋭頭。胞子嚢群は中脈寄りにつく。包膜は紅色を帯びない。ベニシダとは葉身の先端が急に狭くなり、中軸、羽軸に黒色の鱗片が残り、小羽片の切れ込みが深いので区別できる。和名は愛知県の東谷山で発見されたことに由来する。

• 県内･各地の低地から山地に分布する。 • 全国･本州、四国、九州、琉球 • 写真･御前崎市桜ケ池

オオベニシダ

オシダ科

低地から山地の林内の地上に生える、常緑性シダ植物。葉身は三角状広卵形で、長さ30〜50cm、2〜3回羽状に裂ける。羽片は披針形で鋭頭。小羽片は狭卵形、基部は広いくさび形、羽状に中裂から深裂、鈍頭から鋭頭。胞子嚢群は中脈と辺縁の中脈寄りにつく。包膜は紅色を帯びない。ベニシダとは小羽片の切れ込みが深いので区別できる。別名ヒロハベニシダ。包膜が紅色を帯びるのをホホベニオオベニシダとして区別する。

• 県内・各地の低地から山地に分布する。 • 全国・本州、四国、九州 • 写真・浜松市浜北森林公園

キヨスミヒメワラビ

オシダ科

山地林内の地上に生える、常緑性シダ植物。葉は鮮緑色。葉身は卵状長楕円形で、長さ40〜70cm、3回羽状に裂ける。羽片は広披針形で鋭頭。小羽片は長楕円形で鈍頭。胞子嚢群は裂片の辺縁付近につく。類似種とは、葉柄や中軸に大形で白色半透明、古くなると褐色になる鱗片を、密生するので区別できる。別名シラガシダは、白色の鱗片を白髪に例えている。

• 県内・各地の山地に分布する。 • 全国・本州、四国、九州 • 写真・掛川市小笠山

カツモウイノデ

オシダ科

山地林内の地上に生える、常緑性シダ植物。葉身は卵状三角形で、長さ40～70cm、3回羽状に裂ける。羽片は広披針形で鋭頭。最下羽片は大きく三角状卵形。小羽片は長楕円形、基部はくさび形で鋭頭。胞子嚢群は裂片の中肋近くにつく。キヨスミヒメワラビとは葉柄、中軸、羽軸などに、線形で黄褐色の鱗片を密生するので区別できる。絶滅危惧種(県)。

- 県内・伊豆の山地に分布するが少ない。他の地域はまれにある。東部には分布しない。
- 全国・本州、四国、九州、琉球　• 写真・牧之原市牧之原

ミゾシダ

ヒメシダ科

低地からの山地谷間の地上に生える、夏緑性、地域によって常緑のシダ植物。葉は草質で全体にやや密に毛がある。葉身は長楕円形で、長さ30～50cm、1回羽状に裂ける。羽片は披針形で、羽状に深裂し鋭頭。上部の羽片は次第に小さくなり、中軸に流れ、頂羽片は不明確。裂片は長楕円形、円頭から鋭頭。胞子嚢群は裂片の脈に沿って長く線形につく。胞膜はない。

- 県内・各地の低地から山地に分布する。　• 全国・北海道、本州、四国、九州、琉球　• 写真・磐田市豊岡

ミヤマワラビ

ヒメシダ科

山地の林縁や道沿いの地上に生える、夏緑性シダ植物。葉は薄い草質で細毛に覆われる。葉柄は葉身より長い。葉身は三角状長楕円形で、長さ10〜20cm、1回羽状に裂ける。羽片は披針形、先は長く尖り、羽状に深裂から全裂する。最下部の羽片1〜2対は手前を向く。裂片は長楕円形、円頭から鋭頭。胞子嚢群は小羽片の辺縁近くにつく。葉形が特有で、葉柄が葉身より長いので、他の種類と区別できる。

• 県内・各地の山地に分布する。 • 全国・北海道、本州、四国、九州 • 写真・富士山富士宮口

ゲジゲジシダ

ヒメシダ科

低地から山地の林縁や道沿いの石垣や地上に生える、夏緑性シダ植物。葉身は披針形で、上下に次第に狭くなり、先端は鋭頭。長さ30〜50cm。1回羽状に裂ける。羽片は三角状披針形、基部は中軸に流れ、上下が連結し、ジグザグの特有の形になる。先端は鋭頭。裂片は長楕円形。胞子嚢群は裂片の中脈と辺縁の中間につく。和名は特有な葉形から虫のゲジゲジを連想して名付けられた。

• 県内・各地の低地から山地に分布する。 • 全国・北海道、本州、四国、九州、琉球 • 写真・浜松市浜北森林公園

ヤワラシダ

ヒメシダ科

山地の林縁や道沿いの地上に生える、夏緑性シダ植物。葉は草質で鮮緑色、全体に軟らかい毛がある。葉身は卵状長楕円形で、長さ20～40cm、1回羽状に裂ける。羽片は披針形で鋭頭、羽状に深裂する。裂片は長楕円形、鈍頭から円頭。胞子嚢群は裂片の中脈と辺縁の中間につく。包膜に長毛がある。和名は軟らかな葉質に由来している。

• 県内・各地の山地に分布する。 • 全国・本州、四国、九州 • 写真・浜松市浜北森林公園

ヒメワラビ

ヒメシダ科

低地から山地の林縁や道沿いの地上に生える、夏緑性シダ植物。葉は黄緑色で草質。葉身は広状楕円形で、長さ50～100cm、3回羽状に裂ける。羽片は広卵状楕円形で、先は長く尖る。小羽片は線状披針形で、鋭尖頭。無柄で基部は羽軸に流れ狭い翼になる。裂片は鋸歯があり、鈍頭。胞子嚢群は裂片の中脈と辺縁の中間につく。和名はワラビに比べ、葉質がうすく弱々しいので名付けられた。

• 県内・各地の低地から山地に分布する。 • 全国・本州、四国、九州 • 写真・掛川市小笠山

ミドリヒメワラビ

ヒメシダ科

低地から山地の林縁や道沿いの地上に生える、夏緑性シダ植物。葉は鮮緑色で草質。葉身は広卵状楕円形で、長さ50〜100cm、3回羽状に裂ける。羽片は長楕円形。小羽片は広線状披針形で、短い柄があり、鋭尖頭。裂片は鋸歯があり、鈍頭。胞子嚢群は裂片の中脈と辺縁の中間につく。ヒメワラビとは、葉の緑色が強く、小羽片はやや幅が広く、柄があるので区別できる。

• 県内・各地の低地から山地に分布する。 • 全国・本州、四国、九州 • 写真・浜松市浜北森林公園

ヒメシダ

ヒメシダ科

低地から山地の湿地や湿潤地に群生する、夏緑性シダ植物。葉は二形ある。葉身は長楕円形で、長さ20〜40cm、1回羽状に裂ける。胞子を着ける葉はやや背が高く、幅が狭い。羽片は線状楕円形で鋭頭、羽状に深裂する。裂片は広卵形で鈍頭。胞子嚢群は裂片の中脈と辺縁の中間につく。包膜は辺縁に毛がある。別名ショリマは、アイヌ語のクサソテツの呼び名、ソロマが転化した。

• 県内・各地の低地から山地に分布する。 • 全国・北海道、本州、四国、九州 • 写真・浜松市浜北森林公園

ハリガネワラビ

ヒメシダ科

低地から山地の林内や林縁の地上に生える、夏緑性シダ植物。葉柄は赤褐色。葉身は三角状楕円形で、長さ20〜40cm、1回羽状に裂ける。羽片は卵状長楕円形で鋭頭、最下部の羽片は、やや下向きで手前を向く。裂片は長楕円形で鈍頭。胞子嚢群は裂片の辺縁近くにつく。和名は赤褐色で、硬くて長い葉柄を針金に例えた。

• 県内・各地の低地から山地に分布する。 • 全国・北海道、本州、四国、九州 • 写真・浜松市浜北森林公園

ハシゴシダ

ヒメシダ科

低地から山地の林内や林縁の地上に生える、常緑性シダ植物。葉身は披針形で、長さ20〜40cm、1回羽状に深裂し、上部は次第に細くなり鋭頭。羽片は線状楕円形で鋭頭。裂片は狭長楕円形。胞子嚢群は裂片の辺縁近くにつく。和名は中軸から開出する羽片を、梯子（ハシゴ）に見立てた。イブキシダは下部の羽片が次第に小さくなる。

• 県内・各地の低地から山地に分布する。 • 全国・本州、四国、九州 • 写真・牧之原市牧之原

コハシゴシダ

ヒメシダ科

低地から山地の林縁や道沿いの日当たりのよい、地上に生える、常緑性シダ植物。葉身は披針形で、長さ10〜20cm、1回羽状に裂ける。羽片は線状楕円形で鋭頭。裂片は狭長楕円、最下部羽片の基部裂片は、他の裂片より大きく、完全に羽軸から遊離する。胞子嚢群は裂片の辺縁近くにつく。ハシゴシダとは、小形で裂片の一部が遊離するので区別できる。

• 県内・各地の低地から山地に分布する。 • 全国・本州、四国、九州、琉球 • 写真・浜松市浜北森林公園

イブキシダ

ヒメシダ科

山地の渓流沿いの地上に生える、常緑性シダ植物。葉身は長楕円形で、長さ50〜100cm、1回羽状に裂ける。羽片は線状楕円形で、下部の羽片は次第に小さくまばらになり、最後は耳片状になる。裂片は狭楕円形で、鋭頭。胞子嚢群は裂片の中脈と辺縁の中間、やや辺縁寄りにつく。和名は最初に滋賀県伊吹山で採集されたことによる。

• 県内・各地の山地に分布する。 • 全国・本州、四国、九州、琉球 • 写真・掛川市市内

ホシダ

ヒメシダ科

平地から山地の林縁や道沿いの地上に生える、常緑性シダ植物。葉身は広披針形、長さ40〜60cm、1回羽状に裂け、上部は急に細くなり、穂状にのびる。羽片は線形で鋭尖頭、羽状に浅裂から中裂する。裂片は三角状楕円形で鋭頭。胞子嚢群は裂片の中脈と辺縁の中間、やや辺縁寄りにつく。和名は、葉身の上部が穂状に長くのびることに由来する。ホシダの仲間は、裂片の最下の小脈が結合し、網状脈になる。

• 県内・各地の平地から山地に分布する。 • 全国・本州、四国、九州、琉球 • 写真・御前崎市浜岡

イヌケホシダ

ヒメシダ科

市街地の路傍や水路、池などの石垣上、地上に生える、常緑性シダ植物。葉全体に毛がある。葉身は広披針形、長さ20〜40cm、1回羽状に裂け、上部は次第に狭くなる。羽片は線形、羽状に深裂する。下部の羽片は小さくなる。裂片は四角形で円頭。胞子嚢群は裂片の中脈と辺縁の中間つく。世界の熱帯に広く分布する。県内の分布は帰化で、1970年頃から広がった。県内にケホシダは分布しない。

• 県内・各地の市街地に帰化する。 • 全国・本州、四国、九州、琉球 • 写真・藤枝市大洲

クサソテツ

イワデンダ(コウヤワラビ)科

山地や山麓の川沿いなど、湿潤な地上に生える、夏緑性シダ植物。葉は二形ある。栄養葉は披針形で、長さ1m以上になり、1回羽状に深裂する。羽片は線形で、30〜40対、先端は急に細くなり、下部の羽片は次第に小さくなる。裂片は長楕円形、全縁で先端は鈍頭。胞子葉は小さく、長さ約60cm。胞子嚢群は羽軸の両側に並んでつき、辺縁が巻き込む。若葉はコゴミと呼ばれ、山菜に利用される。

• 県内・各地の山地に分布する。 • 全国・北海道、本州、四国、九州 • 写真・浜松市春野

イヌガンソク

イワデンダ(コウヤワラビ)科

山地の林縁や道沿いの地上に生える、夏緑性シダ植物。葉は二形ある。栄養葉は長さ20〜80cm、1回羽状に裂ける。羽片は狭披針形、浅裂から中裂し、10〜20対、裂片は長楕円形、鈍頭から鋭頭、鋸歯がある。胞子葉は、栄養葉より短く、羽片は胞子嚢群を巻き込み棒状になり、枯れて冬季も残る。和名ガンソクはクサソテツの別名で、似ているので名付けられた。がんそくは雁の足のことである。

• 県内・各地の山地に分布する。 • 全国・北海道、本州、四国、九州 • 写真・浜松市水窪

コウヤワラビ

イワデンダ(コウヤワラビ)科

低地から山地の湿地に群生する、夏緑性シダ植物。葉は二形ある。栄養葉は三角状楕円形、長さ10〜30cm。羽状に裂ける。羽片は5〜14対、葉脈は網目状、中軸に翼がある。羽片は披針形で鈍頭、辺縁は全縁から鈍鋸歯があり、上部は翼状になる。下部の羽片は基部が狭くなる。胞子葉は柄が長く、2回羽状に裂け、羽軸に球形の小羽片を多数つけ、胞子嚢群を巻き込む。枯れると褐色になる。和名は和歌山県高野山の地名が付けられている。

• 県内・各地の低地から山地に分布する。 • 全国・北海道、本州、九州 • 写真・浜松市浜北森林公園

イワデンダ

イワデンダ科

山地道沿いの岩上に生える、夏緑性シダ植物。葉柄は赤褐色で針金状。葉身は狭披針形で、長さ10〜30cm、1回羽状に裂ける。羽片は長楕円形で鋭頭から鈍頭、基部は広いくさび形で、耳片があり、下部の羽片は柄がある。全縁から鈍鋸歯縁。胞子嚢群は羽軸の両側、辺縁近くにつく。胞膜はコップ状。和名のデンダはシダの古い名。岩上に生えるシダの意味である。

• 県内・各地の山地に分布する。 • 全国・北海道、本州、四国、九州 • 写真・浜松市水窪

フクロシダ

イワデンダ科

山地の岩上に生える、夏緑性シダ植物。葉身は狭披針形で、長さ20～30cm、2回羽状に裂け、鋭尖頭、下部は次第に小さくなる。羽片は羽状に深裂する。基部はくさび形から切形。裂片は長楕円形で鈍頭。胞子嚢群は裂片の辺縁近くにつき、袋状球形の包膜で包まれる。和名は胞子嚢群が包膜で包まれる様子か名付けられた。

• 県内･各地の山地に分布する。 • 全国･北海道、本州、四国、九州 • 写真･浜松市水窪

エビラシダ

イワデンダ科

山地林内や川沿いの岩上に生える、夏緑性シダ植物。葉身は三角状卵形、長さ10～20cm、1回羽状に中裂する。鋭頭で葉柄上部で前方に傾く。羽片は円形から楕円形で、鈍頭から鋭頭、羽状に浅裂から深裂する。胞子嚢群は裂片に散在し、多数つく。包膜はない。和名は、葉形を弓の矢をさしこむ箙（エビラ）に見立てて名付けられた。

• 県内･伊豆を除く、山地に分布するが少ない。 • 全国･本州、四国 • 写真･静岡市両河内

ウラボシノコギリシダ

イワデンダ科

山地林内の地上に生える、常緑性シダ植物。葉は二形ある。胞子嚢をつけない葉の葉身は、卵状三角形、長さ、40〜70cm、1回羽状に裂け、上部の羽片は中軸に沿着し、下部は葉柄がある。羽片は羽状に浅裂から中裂。裂片は鈍頭から円頭。胞子嚢をつける葉は、葉柄はやや長く、葉の幅が狭い。胞子嚢群は裂片のやや中肋寄りに並んでつく。和名は胞子嚢群が、星のように散在する様子から名付けられた。

• 県内·東部を除く、各地の山地に分布する。 • 全国·本州、四国、九州 • 写真·川根本町本川根

ヘビノネゴザ

イワデンダ科

山地林縁や道沿いの地上に生える、夏緑性シダ植物。葉身は披針形で、長さ20〜40cm、2回羽状に裂ける。羽片は披針形で、鋭尖頭。小羽片は長楕円形で、鋸歯があり、鋭頭。胞子嚢群は裂片の中肋と辺縁の中間につく。包膜は楕円形と鉤形が混ざる。和名は群生した株の間で蛇がとぐろを巻くことを想定して、蛇の寝御座と名付けられた。別名ヘビノネコザ。

• 県内·各地の山地に分布する。 • 全国·北海道、本州、四国、九州 • 写真·愛鷹山

ホソバイヌワラビ

イワデンダ科

山地林内の地上に生える、夏緑性シダ植物。葉身は卵状楕円形で、長さ30〜50cm、2〜3羽状に裂ける。中軸の先端近くの上面に不定芽がつく。羽片は披針形で、羽状に中裂から深裂する。小羽片や裂片の鋸歯は深く、鋭尖頭、葉面に軟らかい刺がある。胞子嚢群は中肋近くにつき、胞膜は半月状と鉤形が混ざる。類似種とは、裂片の鋸歯が深く、葉面に刺があるので区別できる。

• 県内･各地の山地に分布する。 • 全国･本州、四国、九州 • 写真･浜松市浜北森林公園

サトメシダ

イワデンダ科

低地から山地の湿地に生える、夏緑性シダ植物。葉身は卵状三角形で、長さ20〜60cm、3回羽状に裂ける。羽片は三角状長楕円形で、鋭尖頭。小羽片は柄があり羽状に深裂する。裂片は長楕円形から卵状長楕円形、鋸歯縁から羽状に浅裂する。胞子嚢群は裂片の中肋寄りにつき、胞膜は楕円形と鉤形が混ざる。和名は里地近くに生えることに由来する。

• 県内･各地の低地から山地に分布する。 • 全国･北海道、本州、四国、九州 • 写真･浜松市浜北森林公園

タニイヌワラビ

イワデンダ科

山地林内の地上に生える、常緑性シダ植物。葉柄や中軸は紅紫色を帯びる。葉身は卵状楕円形で、長さ30〜50cm、2回羽状に裂け、先端は鋭尖頭、羽片は披針形、先端は細長くのびる。小羽片は卵状長楕円形で無柄、基部は耳片になる。先端は鋭頭でやや刺状になる。胞子嚢群は脈に接してつき、胞膜は三日月形と鉤形が混ざる。類似種とは葉柄や中軸が紅紫色を帯びるので区別できる。

• 県内・山地に分布するが少ない。 • 全国・本州、四国、九州 • 写真・浜松市天竜

ヤマイヌワラビ

イワデンダ科

山地林内の地上に生える、夏緑性シダ植物。葉身は三角状卵形で、長さ20〜50cm、2回羽状に裂ける。羽片は広披針形で、長鋭尖頭。小羽片は三角状楕円形、鈍頭から鋭頭、基部広いくさび形、羽状に中裂から深裂。裂片は長楕円形、円頭で鋸歯がある。胞子嚢群は小羽片の中肋近くにつき、胞膜は馬蹄形が多い。葉の表面に毛のあるケヤマイヌワラビ、小羽軸表面に刺のあるトゲヤマイヌワラビなどある。

• 県内・各地の山地に分布する。 • 全国・北海道、本州、四国、九州 • 写真・愛鷹山

カラクサイヌワラビ

イワデンダ科

山地林内の地上に生える、夏緑性シダ植物。葉身は長楕円形で、長さ30～60cm、2回羽状に裂ける。羽片は披針形で、長鋭頭。小羽片は卵状長楕円形、鈍頭から円頭、基部はやや耳形になり、羽状に浅裂から中裂。裂片は長楕円形、円頭で鋸歯がある。胞子嚢群は小羽片の中肋近くにつき、胞膜は三日月形。類似種のヤマイヌワラビとは、胞子嚢群の形の違いで区別できる。

• 県内・各地の山地に分布する。 • 全国・北海道、本州、四国、九州 • 写真・浜松市佐久間

イヌワラビ

イワデンダ科

平地から低地の林縁や道沿いの地上に生える、夏緑性シダ植物。葉身は卵状楕円形で、長さ20～50cm、2回羽状に裂ける。上部は急に狭くなる。羽片は披針形で、鋭尖頭、羽状に深裂する。小羽片は卵状披針形、鋭尖頭で鋸歯がある。胞子嚢群は裂片の中脈と片縁の中間から中肋近くにつき、胞膜は三日月形、鉤形、馬蹄形などが混ざる。葉面に白斑の出ることがある。

• 県内・各地の平地から低地に分布する。 • 全国・北海道、本州、四国、九州 • 写真・掛川市小笠山

ハコネシケチシダ

イワデンダ科

山地林内の地上に生える、夏緑性シダ植物。葉身は楕円形で、長さ30〜60cm、3回羽状に裂ける。羽片は広披針形で、鋭尖頭。小羽片は無柄、基部は流れて、狭い翼になる。裂片は長楕円形、辺縁に鋸歯がある。胞子嚢群は裂片の中肋と辺縁の中間につき、長楕円形から線形、包膜はない。イッポンワラビは胞子嚢群が円形から楕円形なので区別できる。

• 県内·各地の山地に分布する。 • 全国·本州、四国、九州 • 写真·浜松市奈良代山

シケチシダ

イワデンダ科

山地林内の地上に生える、夏緑性シダ植物。葉身は広披針形、長さ20〜50cm、2回羽状に裂け、鋭頭から鈍頭。羽片は長楕円形で、無柄。小羽片の基部は羽軸に流れ、狭い翼となり、鈍頭から円頭。胞子嚢群は小羽軸と辺縁の中間、小羽軸よりにつき、長楕円形から線形、包膜はない。和名は湿気地シダで、湿った場所に生えるので名付けられた。

• 県内·各地の山地に分布する。 • 全国·本州、四国、九州 • 写真·浜松市天竜

オオヒメワラビモドキ

イワデンダ科

山地林内の地上に生える、夏緑性シダ植物。葉身は広披針形で、長さ20〜60cm、2回羽状に裂ける。羽片は披針形、小羽片は長楕円形、鈍頭から鋭頭、ほぼ直角に羽軸につく。葉脈は下面に盛り上がる。胞子嚢群は裂片の中肋と辺縁の中間につき、円腎形かJ形。オオヒメワラビは羽状に3回羽状に裂け、葉脈が下面に盛り上がらない。

- 県内・伊豆と東部を除く、山地に分布するが少ない。 • 全国・本州、四国、九州 • 写真・静岡市大河内

オオヒメワラビ

イワデンダ科

山地林内の地上に生える、夏緑性シダ植物。葉身は三角状披針形で、長さ30〜80cm、3回羽状に裂ける。羽片は披針形で、鋭尖頭、深く切れ込み、羽軸に狭い翼がある。小羽片は長楕円形、羽状に深裂する。裂片は楕円形で全縁から波状縁、鈍頭。葉脈は単生で、下面に盛り上がらない。胞子嚢群は裂片の中肋と辺縁の中間につき、円形か長楕円形。ミドリワラビは、小羽片の裂片はやや深い鈍鋸歯縁で、裂片の脈が分岐するので区別できる。

- 県内・各地の山地に分布する。 • 全国・本州、四国、九州 • 写真・浜松市佐久間

ハクモウイノデ

イワデンダ科

山地林内の地上に生える、夏緑性シダ植物。葉柄は葉身の1/3以下、胞子のつく葉の葉柄はやや長くなる。半透明の鱗片を密につける。葉身は長楕円形で、長さ30〜60cm、先端は鋭尖頭、下部は次第に小さくなり、羽状に2回裂け、裏面に腺毛が出ることがある。羽片は披針形、羽状に深裂する。裂片は楕円形で鈍頭。胞子嚢群は裂片の中肋と辺縁の中間につき、長楕円形。ミヤマシケシダは葉柄下部に鱗片があり、上部にはほとんどなく、葉の裏面に腺毛はない。

• 県内・各地の山地に分布する。 • 全国・北海道、本州、四国、九州 • 写真・愛鷹山

フモトシケシダ

イワデンダ科

山地の林縁や道沿いの地上に生える、夏緑性シダ植物。葉は二形あり、胞子葉は栄養葉より大さい。葉身は三角状披針形で、長さ10〜30cm、2回羽状に裂け、鋭尖頭。羽片は狭楕円形、鈍頭から鋭頭、下部の羽片が最も幅が広い。裂片は全縁から鈍鋸歯縁。胞子嚢群は羽片の中脈と辺縁のから中脈寄りにつき、長楕円形、胞膜に毛がある。ホソバシケシダの羽片は、下部に向けてしだいに小さくなる。胞膜に毛がない。

• 県内・各地の山地に分布する。 • 全国・北海道、本州、四国、九州 • 写真・熱海市姫ノ沢

セイタカシケシダ

イワデンダ科

山地林内の地上に生える、夏緑性シダ植物。全体に毛が多い。葉は二形ある。葉身は三角状卵形で、長さ30〜40cm、1回羽状に裂け、鋭尖頭。羽片は線形で鋭尖頭、基部はほぼ切形。裂片は楕円形で全縁。胞子嚢群は裂片の中脈と辺縁の中間につき線形。胞子のつかない葉は丈が低く、胞子のつく葉の下に広がる。シケシダは葉が二形にならない。ムクゲシケシダは葉に鱗片と毛が密生する。

- 県内·各地の山地に分布する。 • 全国·本州、四国、九州 • 写真·浜松市春野

シケシダ

イワデンダ科

低地から山地の水路沿いや路傍の地上に生える、夏緑性シダ植物。葉身は長楕円形で、長さ20〜50cm、1回羽状に裂け、先端はしだいに狭くなる。羽片は線形、羽状に裂ける。裂片は長楕円形、鈍頭からやや鋭頭、全縁から鋸歯縁。胞子嚢群は裂片の中肋と辺縁の中間につき、線形。和名は湿気シダで、湿気の多い場所に生えるシダの意味である。ナチシケシダは沿海地の石垣上などに生え、葉は厚く、最下羽片の幅が広い。

- 県内·各地の低地から山地に分布する。 • 全国·本州、四国、九州 • 写真·掛川市市内

ヘラシダ

イワデンダ科

山地谷間の岩上や地上に群生する、常緑性シダ植物。単葉。葉身は披針形で、長さ10～20cm、全縁から浅い波状縁で鋭尖頭。胞子嚢群は脈に沿ってのび、中肋と辺縁の中間に、斜めに並んでつき線形。和名はへら形の葉形に由来する。葉縁の切れ込みは鋸歯縁から、羽状に切れ込むものまであり、辺縁に鋸歯のあるギザギザヘラシダ、羽状に深裂から全裂する、ノコギリヘラシダがある。

• 県内・各地の山地に分布する。 • 全国・本州、四国、九州、琉球 • 写真・御前崎市浜岡

ノコギリシダ

イワデンダ科

山地の渓流沿いの地上に群生する、常緑性シダ植物。葉柄は針金状で黒紫色。葉身は広披針形で、長さ20～40cm、1回羽状に裂け、上部の羽片は次第に小さくなる。羽片は鎌状狭披針形で先端は鋭頭、辺縁には鋸歯があり、基部に耳状突起がある。胞子嚢群は半月形で中肋寄りに、両側に斜めに2列に並んでつく。イヨクジャクは葉質が薄く、上部の羽片は基部が中軸に流れ翼になる。

• 県内・各地の山地に分布する。 • 全国・本州、四国、九州、琉球、小笠原 • 写真・島田市千葉山

ミヤマノコギリシダ

イワデンダ科

山地の渓流沿いの地上に群生する、常緑性シダ植物。葉柄は針金状で黒紫色。葉身は広披針形で、長さ30〜50cm、1回羽状に裂ける。上部の羽片はしだいに小さくなる。羽片は披針形で柄があり、尾状で鋭頭。胞子嚢群は裂片の中肋と辺縁の中間に並んでつき線形。ホソバノコギリシダは葉身と羽片の幅が狭い。ウスバミヤマノコギリシダは夏緑性で葉質は薄く、羽片は深く切れ込む。

• 県内･各地の山地に分布する。 • 全国･本州、四国、九州、琉球 • 写真･静岡市竜爪山

コクモウクジャク

イワデンダ科

山地林内の地上に生える、常緑性シダ植物。葉柄基部の鱗片は黒色で、辺縁に小突起がある。葉身は卵状三角形で、長さ30〜70cm、2回羽状に裂ける。羽片は柄がある。小羽片は三角状披針形から披針形で鋭尖頭、羽状に浅裂から中裂する。裂片は円頭、全縁か鋸歯がある。胞子嚢群は裂片のやや辺縁寄りにつき線形。シロヤマシダは葉柄基部の鱗片は黒褐色で、辺縁に小突起がない。

• 県内･伊豆は各地の山地に分布する。他の地域は少ない。 • 全国･本州、四国、九州、琉球、小笠原
• 写真･牧之原市牧之原

シロヤマシダ

イワデンダ科

山地林内の地上に生える、常緑性シダ植物。葉身は卵状三角形で、長さ50〜90cm、2回羽状に裂ける。羽片は柄がある。小羽片は、三角状披針形で長鋭頭、羽状に中裂から深裂。裂片は長楕円形で円頭。胞子嚢群は裂片の中肋と辺縁の中間につき線形。胞膜は通常全縁。オニヒカゲワラビは、胞子嚢群が小羽片の中肋寄りにつく。

• 県内・伊豆は各地の山地に分布する。他の地域は少ない。 • 全国・本州、四国、九州、琉球 • 写真・菊川市石山

オニヒカゲワラビ

イワデンダ科

山地林内の地上に生える、常緑性シダ植物、地域により夏緑性。葉身は卵状三角形、長さ40〜70cm、2〜3回羽状に裂ける。下部の羽片には柄がある。小羽片は狭長楕円形、短柄があり、羽状に深裂する。裂片は長楕円形、鈍頭から円頭、辺縁に鋸歯がある。胞子嚢群は小羽片の中肋寄りにつき線形。包膜は辺縁が細裂する。ヒカゲワラビは、裂片の切れ込みは深く、包膜に鋸歯がない。

• 県内・伊豆は各地の山地に分布する。他の地域は少ない。 • 全国・本州、四国、九州 • 写真・愛鷹山

ヒカゲワラビ

イワデンダ科

山地林内の地上に生える、夏緑性シダ植物、地域により常緑性。葉身は卵状三角形で、長さ30～60cm、3回羽状に裂ける。羽片は三角状披針形で、鋭尖頭、下部の羽片は柄がある。小羽片は長楕円形、羽状に深裂する。裂片は長楕円形、浅裂から鋸歯縁で、鈍頭。胞子嚢群は中肋の両側につき線形。包膜に鋸歯がない。

- 県内・伊豆は各地の山地に分布する。他の地域は少ない。 • 全国・本州、四国、九州 • 写真・牧之原市牧之原

キヨタキシダ

イワデンダ科

山地谷間の地上に生える、夏緑性シダ植物。葉柄、中軸に光沢のある黒色の鱗片がある。葉身は三角形で、長さ30～50cm、2回羽状に裂ける。下部の羽片は柄がある。小羽片は卵状楕円形で、羽状に浅裂から全裂する。裂片は長楕円形で、縁は全緑から浅裂し円頭。胞子嚢群は裂片の中肋近くにつき線形。別名キヨタケシダ。ミヤマシダは地下茎が地中を長くはい、羽片の切れ込みはやや深く、下部羽片の葉柄は長い。

- 県内・各地の山地に分布する。 • 全国・北海道、本州、四国、九州 • 写真・浜松市佐久間

ビロードシダ

ウラボシ科

山地の樹幹上や岩上、地上に生える、常緑性シダ植物。単葉。葉身は厚い肉質で葉脈は見えない。葉柄と葉身の区別はつかない。線形で長さ5〜15cm。先端は円頭。赤褐色または褐色の星状毛で上面はまばらに、下面は密に覆われる。胞子嚢群は中肋の両側に、1〜2列に並んでつく。和名は星状毛がビロードのように葉面を覆う状態から名付けられた。

- 県内･各地の山地に分布する。 ● 全国･北海道、本州、四国、九州、琉球 ● 写真･伊豆市中伊豆

イワオモダカ

ウラボシ科

山地の樹幹上や岩上、地上に生える、常緑性シダ植物。単葉。葉柄は葉身より長い。葉身は掌状に3〜5裂する。長さ5〜15cm、中央裂片は大きく、三角状披針形。下部の裂片は狭三角形。葉裏は赤褐色の星状毛で覆われる。胞子嚢群は葉の下面、支脈の間に3〜7列に並んでつく。和名は岩上に生え、葉形がオモダカ科のオモダカに似るので名付けられた。鑑賞用に植栽される。

- 県内･山地に分布するが少ない。 ● 全国･北海道、本州、四国、九州 ● 写真･浜松市佐久間

ヒトツバ

ウラボシ科

海岸から山地の樹幹上や岩上、地上に生える、常緑性シダ植物。単葉。根茎は太く、地上をはい、茶褐色の鱗片が密生する。葉は硬い革質。葉身は広披針形で、長さ20〜40cm、全縁で鋭尖頭。胞子のつく葉は、幅が少し狭くなる。葉裏は赤褐色の星状毛で覆われる。胞子嚢群は葉裏全体を覆う。葉身の先端が金魚の尾のように切れ込むシシヒトツバ、捩じれるエボシヒトツバ、両側に突起が並んでつくハゴロモヒトツバなどがあり植栽される。

• 県内・各地の海岸から山地に分布する。 • 全国・本州、四国、九州、琉球 • 写真・御前崎市浜岡

コウラボシ

ウラボシ科

沿海地から低地の岩上に生える、常緑性シダ植物。単葉。葉は淡緑色で、やや多肉の革質。葉身は狭披針形で、長さ5〜15cm、全縁で鋭頭。胞子嚢群は葉身の上部、両側に1列に並んでつく。県内のコウラボシは北方系のイシガキウラボシに区分される。また、ノキシノブとの雑種も広く見られる。

• 県内・東部を除く、沿海地から低地に分布するが少ない。 • 全国・本州、四国、九州 • 写真・松崎町松崎

ミヤマノキシノブ

ウラボシ科

山地の樹幹上や岩上に生える、常緑性シダ植物。単葉。葉は淡緑色で、硬い紙質。葉柄は2～4cmでやや長くはっきりとしている。葉身は線状披針形で、長さ5～15cm、全縁で鋭頭。胞子嚢群は葉身の上部、葉縁と中肋の中間に1列に並んでつく。類似種とは、深山にあり、硬い紙質で、葉柄が長く、根茎の鱗片は早落性なことで区別できる。

• 県内·各地の山地に分布する。 • 全国·北海道、本州、四国、九州 • 写真·浜松市奈良代山

ヒメノキシノブ

ウラボシ科

山地の樹幹上や岩上に生える、常緑性シダ植物。単葉。葉は革質で葉脈は見えない。葉柄は短いが、葉身との境目はっきりとしている。葉身は線形で、長さ3～10cm、全縁で鈍頭から鋭頭。胞子嚢群は葉身の上部、葉縁と中肋の中間に1列に並んでつく。類似種とは、葉が小形で、葉柄が明確、鈍頭から鋭頭なので区別できる。

• 県内·各地の山地に分布する。 • 全国·北海道、本州、四国、九州 • 写真·島田市金谷

ノキシノブ

ウラボシ科

平地から山地の樹幹上や岩上に生える、常緑性シダ植物。単葉。葉は革質。葉柄の基部は細くなり、葉柄との境は明確ではない。葉身は広線形で、10〜30cm、全縁で、鋭頭。胞子嚢群は葉身の上部、葉縁と中肋の中間に1列に並んでつく。ナガオノキシノブは山地にあり、葉身は細長く、葉をまばらにつける。

- 県内・各地の平地から山地に分布する。市街地の樹幹にも付着する。 ● 全国・北海道、本州、四国、九州、琉球
- 写真・島田市金谷

マメヅタ

ウラボシ科

平地から山地の樹幹上や岩上、地上に生える、常緑性シダ植物。葉は二形ある。葉質は光沢のある、厚い肉質で、胞子のつかない葉は円形、長さ1〜2cm。胞子のつく葉は、線形からへら形で、長さ約6cm。胞子嚢群は中肋の両側に縦に線形につく。葉身がさじ形で、葉質が薄く、葉脈が見えるのをヒメマメヅタとして区別することもある。

- 県内・各地の平地から山地に分布する。 ● 全国・本州、四国、九州、琉球 ● 写真・掛川市市内

クリハラン

ウラボシ科

山地谷間の岩上や地上に生える、常緑性シダ植物。単葉。葉身は広披針形で、長さ20〜40cm、中央が最も幅が広い。鋭尖頭で基部はくさび形。胞子嚢群は中肋の両側にやや不規則に散在する、1列のこともある。和名は葉形をクリの葉になぞらえて名付けられた。葉の下部が不規則に突出するハゴロモクリハラン。イズクリハランは、主側脈が60度と鋭角で、脈の間隔が狭い。河津町がタイプ地である。

• 県内・各地の山地に分布する。 • 全国・本州、四国、九州、琉球 • 写真・西伊豆町賀茂

ヤノネシダ

ウラボシ科

山地林内の樹幹上や岩上、地上に生える、常緑性シダ植物。単葉。主脈は両面共によく見える。葉身は胞子のつかない、ほこ形三角形から、披針形の葉まで多形で、葉の基部に耳状突起の出ることもある。長さ10〜20cm、全縁から波状縁、鈍頭から鋭頭。胞子嚢群は、披針形の葉の下面全体に散在する。和名は葉が矢之根形（矢じり形）をするので名付けられた。

• 県内・東部を除く、山地に分布するが少ない。 • 全国・本州、四国、九州 • 写真・浜松市渋川

ヌカボシクリハラン

ウラボシ科

山地谷間の樹幹上や岩上、地上に生える、常緑性シダ植物。単葉。葉は革質でやや光沢がある。葉身は披針形で、長さ10〜30cm、鋭尖頭で基部はくさび形。胞子嚢群は葉の裏面にやや不規則に散在する。和名はクリハランに葉形が似て、胞子嚢群が細かく一面に付く様子を糠(ヌカ)の星に例えた。クリハランとは、小形で葉身がやや厚い革質で、主側脈はよく見えないことで区別できる。

- 県内・東部と中部を除く、山地に分布するが少ない。
- 全国・本州、四国、九州、琉球、小笠原
- 写真・西伊豆町西伊豆

イワヒトデ

ウラボシ科

山地谷間の岩上や地上に生える、常緑性シダ植物。葉は二形ある。葉身は卵状で、長さ10〜30cm、羽状に裂ける。側羽片は2〜5対。頂羽片がある。羽片は線状披針形、基部は中軸に流れ翼になる。先端は尾状で鋭尖頭。辺縁は全縁。胞子嚢群のつく葉の葉身はやや長く、羽片の幅は狭い。胞子嚢は中軸と辺縁の中間に斜めにつき線形。和名は岩上に生え、葉形が人の手に似ることに由来する。静岡県は分布の北限自生地。

- 県内・東部を除く、山地に分布するが少ない。
- 全国・本州、四国、九州、琉球
- 写真・掛川市小笠山

サジラン

ウラボシ科

山地谷間の樹幹上や岩上に生える、常緑性シダ植物。単葉。葉は厚い革質。葉柄の下部は紫黒色。葉身は披針形で、長さ10〜20cm、全縁で、鋭尖頭、下部はしだいに狭くなり葉柄に流れる。胞子嚢群は線形で、葉身の上半分、中脈の両側、やや中脈寄りに、斜めに並んでつく。イワヤナギシダは、葉身は線状披針形で、葉柄は黒くならない。胞子嚢群は葉身の中央部より下までつき、やや縦になり1部は重なり合う。

• 県内・山地に分布するが少ない。 • 全国・本州、四国、九州 • 写真・浜松市佐久間

ヒメサジラン

ウラボシ科

山地谷間の樹幹上や岩上に生える、常緑性シダ植物。単葉。葉は厚い革質。葉身は倒卵形からへら形で、長さ10cm以下、全縁で、鈍頭から鋭頭。胞子嚢群は葉身の上半分、中肋近くに斜状または、中肋に平行してつき線形。サジランとは、小形で葉身がへら形なので区別できる。

• 県内・山地に分布するが少ない。 • 全国・北海道、本州、四国、九州 • 写真・愛鷹山

ミツデウラボシ

ウラボシ科

低地から山地の道沿いや崖地、谷間の岩上に生える、常緑性シダ植物。単葉。葉身は卵状披針形、成長のよいのは3裂片に分かれる。基部は広いくさび形で、鋭尖頭。裏面は多少白味を帯び、葉脈ははっきりと見える。辺縁は全縁から波状縁。胞子嚢群は中肋寄りつく。別名ウラボシ。タカノハウラボシは、葉身の中央部が最も幅が広く、両端に向け次第に細くなり、3裂片に分かれる葉は出ない。

• 県内・各地の低地から山地に分布する。 • 全国・北海道、本州、四国、九州、琉球 • 写真・掛川市和田岡

アオネカズラ

ウラボシ科

山地の樹幹上や岩上、地上に群生する、冬緑性シダ植物。根茎は横走し、肉質で青緑色。葉面は開出毛で覆われ淡緑色。葉脈は網目になる。葉身は卵状楕円形で長さ10〜20cm、羽状に深裂する。側羽片は15〜20対あり、線形で全縁、鈍頭から鋭頭。胞子嚢群は中肋近くにつく。和名は緑色の根茎に由来する。

• 県内・山地に分布するが少ない。 • 全国・本州、四国、九州 • 写真・浜松市佐久間

オシャグジデンダ

ウラボシ科

山地の樹幹上に群生する、冬緑性シダ植物。葉脈は網目にならない。葉身は卵状楕円形で、長さ5～20cm、羽状に深裂する。側羽片は15～20対、線形で鈍頭から鋭頭、辺縁に浅い鋸歯がある。胞子嚢群は中肋と辺縁の中間、やや中肋寄りにつく。葉は乾燥するとゼンマイのように巻き込む。和名のデンダはシダの別名、長野県の御社貢寺（オシャグジ）で採られたことに由来する。

• 県内・山地に分布するが少ない。 • 全国・北海道、本州、四国、九州 • 写真・浜松市水窪

オオクボシダ

ヒメウラボシ（ウラボシ）科

山地の樹幹上や岩上に生える、常緑性シダ植物。葉は垂れ下がり、赤褐色の開出毛を密生する。葉身は線形、長さ10cm以下、羽状に深裂する。裂片は長楕円形、全縁で鈍頭からやや鋭頭。胞子嚢群は楕円形、羽片の基部近くに1個ずつ並んでつく。和名は箱根山でこれを見つけた、採集者大久保に由来する。

• 県内・山地に分布するが少ない。 • 全国・本州、四国、九州 • 写真・愛鷹山

ナンゴクデンジソウ

デンジソウ科

平地の水田や池沼に生える、常緑性シダ植物。根茎は地中を横走する。葉柄をのばし、葉を水面に浮かべる。小葉は葉柄の先端に4個つく。径5〜15mm。胞子嚢果は葉柄の基部から出る枝に1〜2個つく。西南日本原産、県内の分布は逸出である。在来種のデンジソウは絶滅した。胞子嚢果は、葉柄の少し上部から出る枝に1〜3個つく。和名のデンジソウは小葉のつき方が田の字に似ることに由来する。

• 県内・平地に希に逸出する。 • 全国・九州、琉球 • 写真・浜松市浜北

サンショウモ

サンショウモ科

平地の水田や池、河川に生える、浮遊性の1年生シダ植物。浮葉の葉身は対生し楕円形で、幅は1cm以下、全縁で円頭、基部は円形、表面に突起が密生し、刺状の毛がある。水中に根のように細かく枝分かれした、水中葉がある。胞子嚢群は水中葉の基部に多数つき、秋に成熟する。各地の水田、池などに広くあったが、現在はまれになった。絶滅危惧種(国・県)。

• 県内・平地にまれに分布する。 • 全国・本州、四国、九州 • 写真・磐田市桶ヶ谷

オオアカウキクサ

アカウキクサ(サンショウモ)科

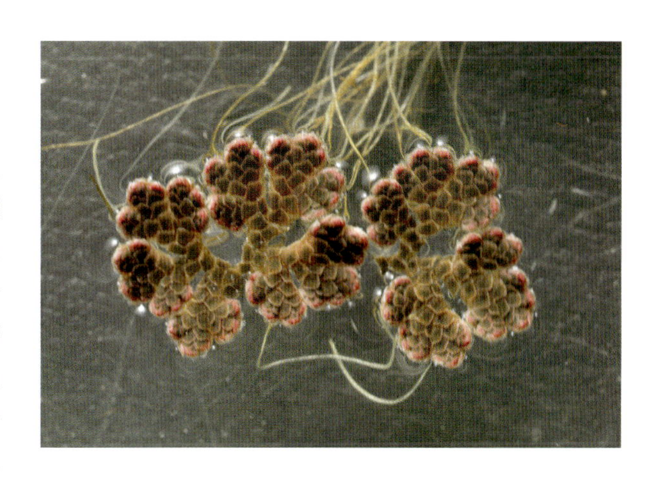

平地の水田や池、河川に生える、常緑性シダ植物。浮葉は冬季に紅赤色を帯びる。植物体は三角状円形。葉は分岐する枝に互生し、瓦状に密生する。鱗片状で長さ2mmほど。葉の表面はほとんど平滑。茎の下側から、多数の水生根を出す。胞子嚢群は水中の葉の間につき、夏に成熟する。各地の水田、池などにあったが、まれになった。現在、水田や池などで見られるのは、ほとんどが外来種である。絶滅危惧種(国)。

• 県内・平地にまれに分布する。 • 全国・本州、四国、九州 • 写真・清水町柿田川

アイオオアカウキクサ

アカウキクサ(サンショウモ)科

平地の水田や池、河川に生える、浮遊性のシダ植物。浮葉は冬季に赤味を帯びる。植物体は小さく、崩れた円形。葉は分岐する枝に互生し、瓦状に密生する。茎の下側から、多数の水生根を出す。多くは冬季に枯死する。県内に分布するアカウキクサ外来種は、ほとんどがアイオオアカウキクサである。在来種のアカウキクサはほぼ絶滅し、まれである。アカウキクサは植物体がほぼ正三角形で常緑。冬季は赤紫色を帯びる。

• 県内・各地の平地に逸出する。 • 全国・日本各地に逸出する。 • 写真・掛川市和田岡

コラム

植物の名前を覚える**コツ**

植物の名前を調べるときどうされますか。図鑑やパソコンにある植物写真と絵合わせで調べると思います。最初はそれで良いと思います。幾つもそのようにして調べていると、やがて、植物の科や属が分かるようになり、容易に目的の植物が見つかるようになります。しかし、日本には8,000種類余の植物があります。その中の半数は静岡県には分布していない植物です。また、ほとんど見掛けることのない植物もあります。『静岡の植物図鑑』は、これらが除かれているので、絵合わせで調べる場合も範囲が狭まり、一般の植物図鑑より容易に、目的の植物を見つけることができます。

筆者が植物の勉強を本格的に始めたのは大学生のときです。基本の植物を身近な場所から覚えることにし、当時住んでいた焼津にある高草山の植物を、腊葉(さくよう)標本にして植物図鑑で調べました。調べても分からない植物は、当時、静岡に住まわれておられた、杉本順一先生のお宅にお伺いして教えていただきました。植物に詳しい人に教わると、不明の植物はもとより、自分で調べた同定の間違えに気付くこともあります。そのようにして静岡県全体の植物、全国の植物と順に覚えていきました。

『静岡県産普通植物検索表』を以前に出版しました。この本は、基本になる植物460種類を覚えると、それに関連した類似植物が覚えられ、順々に拡張していけば身近にある植物は容易に覚えられるとし、その基本植物460種類と、それから検索できる植物1,050種類を検索表で解説したものです。今回の図鑑では、そこに掲載された植物を中心に作成してあります。

今年、平成28年3月26日に、静岡市駿河区大谷に静岡県立ふじのくに地球環境史ミュージアムが開館しました。「人と自然の関係の歴史、そこから未来の豊かさとは何かを考えるミュージアム」で、世界的レベルで、展示・教育・保存・研究をする博物館です。一般の人が見学できるフロントヤード（公開部分）には、ナウマンゾウのレプリカをはじめ、10の展示室には静岡県の植物、動物、地学、環境史関係を中心にした展示があります。バックヤード（非公開部分）には30万点以上の標本が収蔵されています。静岡県の植物関係では、静岡県に分布する植物はほとんどそろっています。また、植物の名前を決める基になつたタイプ標本、静岡県では絶滅した植物標本、静岡県で行われた研究に使われた植物標本など貴重な標本も多数収蔵されています。その両方のヤードをつなぐものとしてミドルヤードがあります。そこでは、各分野の専門家と直接お話しをすることができます。また、植物標本を作製する実習をしたり、名前の分からない標本を、ミュージアムに収蔵されている腊葉(さくよう)標本と、比較して調べることができる場所にもなっています。このミュージアムを利用することも良いと思います。

植物の名前を覚えるコツは、身近な植物から順々に覚えることです。そして分からない場合は、ミュージアムなどを利用し、専門家に教えを乞うことです。植物の名前を覚えると、植物が身近なものになり、親しみもわいてきます。ウォーキングや山歩きでは、楽しみが倍増します。さらに発展させると、植物のさまざまなことを調べたり、研究することも出来るようになります。今回出版する植物図鑑がそれに少しでもお役にたてることを願っています。

あとがき

『静岡県の植物図鑑上・下』を出版したのは平成2年（1990年）で、黒沢美房・清水通明先生と共著で、編集を担当してまとめました。26年前のことです。幸に評判も良く在庫もない状態になっています。この植物図鑑は掲載した植物数は323種類と少ないので、もっと充実した植物図鑑を出版したいと、写真を撮り溜めていましたが、静岡県で絶滅危惧植物をまとめた、レッドリストの作成が始まり、それに協力して調査し、平成16年（2004年）には、レッドデータブック『まもりたい静岡県の野生生物・植物編』が出版されました。しかし、この本には植物写真が少ないので、それを補うために『静岡県産希少植物図鑑』を平成21年（2009年）に出版し、希少植物300種類を解説しました。

今回、発刊される『静岡の植物図鑑』では、上巻で木本とシダ600種類。下巻で草本600種類、合計1,200種類と大幅に種類数を増やし、それに類似植物をなるべく入れるようにし、全部で1,500種類ほど静岡県の植物を紹介することができました。

近年、外来植物（帰化植物）が著しく増加しています。上巻の木本とシダは、外来植物の数が少ないので、図鑑の中に同時に入れることができましたが、草本では外来植物を入れると、在来植物を大幅に減らさなくてはならなくなるので、やむを得ず別冊にすることにしました。また、希少植物、高山植物も一部を除き入れてありません。従って、今回出版するのは、在来植物を中心にした、普通植物の図鑑になっています。

今回の図鑑に続けて、植物写真はすでに準備してありますので、静岡県の高山植物図鑑、外来植物図鑑、増補希少植物図鑑を作成し、全体として5部構成にする計画です。完成すれば静岡県の殆どの植物を紹介することができますのでご期待下さい。

今回の出版について、出版を勧めて下さり、立派な編集と表装でまとめていただいた、静岡新聞出版部の石垣詩野さんをはじめとする、関係者の方々に感謝申し上げます。

ア

イ

ウ

ク

ケ

コ

静岡の植物図鑑

静岡県の普通植物（上）木本・シダ編
2016年12月20日 初版第1刷発行

杉野 孝雄（すぎのたかを）

昭和6年神奈川県生まれ
神奈川県立湘南高等学校卒業
静岡大学教育学部卒業
静岡県立掛川西高等学校教諭、同藤枝西高等学校教頭、
同磐田南高等学校教頭、静岡産業大学講師など歴任

国土交通省河川水辺の国勢調査アドバイザー
環境省希少野生動植物種保存推進委員
静岡放送・静岡新聞社SBS学苑講師
NPO自然史博物館ネットワーク理事
遠州自然研究会会長
掛川草の友会会長

著書
「富士山自然大図鑑」「浜名湖図鑑」
「静岡県の植物図鑑上・下」以上（静岡新聞社発行）
「静岡県の帰化植物」「静岡県産希少植物図鑑」（発売元 静岡新聞社）他
各地の自然観察ガイドブックなど多数

著者 ● 杉野 孝雄
発行者 ● 大石 剛
発行所 ● 静岡新聞社 〒422−8033 静岡市駿河区登呂3-1-1
装丁・デザイン ● カクタスデザイン 黒住 政雄
印刷・製本 ● 図書印刷

ISBN978-4-7838-0552-6 COO45